蘇州全書

甲編

《蘇州全書》編纂出版委員會 編

·曉菴遺書

蘇州大學出版社
古吳軒出版社

圖書在版編目（CIP）數據

曉菴遺書 /（清）王錫闡撰 . -- 蘇州 : 蘇州大學出版社 : 古吳軒出版社 , 2023.6
（蘇州全書）
ISBN 978-7-5672-4426-9

Ⅰ. ①曉… Ⅱ. ①王… Ⅲ. ①古曆法－中國－清代－文集 Ⅳ. ① P194.3-53

中國國家版本館 CIP 數據核字（2023）第 099404 號

責任編輯 劉 冉
助理編輯 朱雪斐
裝幀設計 周 晨 李 璇
責任校對 趙文昭

書　　名 曉菴遺書
撰　　者 〔清〕王錫闡
出版發行 蘇州大學出版社
地址：蘇州市十梓街1號　電話：0512-67480030
古吳轩出版社
地址：蘇州市八達街118號蘇州新聞大厦30F　電話：0512-65233679
印　　刷 常州市金壇古籍印刷廠有限公司
開　　本 889 × 1194　1/16
印　　張 44
版　　次 2023 年 6 月第 1 版
印　　次 2023 年 6 月第 1 次印刷
書　　號 ISBN 978-7-5672-4426-9
定　　價 360.00 元

《蘇州全書》編纂工程

總主編

曹路寶　吳慶文

學術顧問

（按姓名筆畫爲序）

王　芳　王　宏　王　堯　王　鍔　王紅蕾　王華寶　王爲松　王衛平
王餘光　王鍾陵　朱棟霖　朱誠如　任　平　全　勤　江慶柏　江澄波
汝　信　阮儀三　杜澤遜　李　捷　吳　格　吳永發　何建明　言恭達
沈坤榮　沈燮元　武秀成　范小青　范金民　茅家琦　周　秦　周少川
周國林　周勛初　周新國　胡可先　胡曉明　姜　濤　姜小青　韋　力
姚伯岳　馬亞中　袁行霈　華人德　莫礪鋒　徐　俊　徐　海　徐　雁
徐惠泉　徐興無　唐力行　陸振嶽　陸儉明　陳子善　陳正宏　陳尚君
陳紅彥　陳廣宏　黃愛平　黃顯功　崔之清　張乃格　張志清　張伯偉
張海鵬　葉繼元　葛劍雄　單霽翔　程章燦　程毅中　喬治忠　鄔書林
賀雲翱　詹福瑞　趙生群　廖可斌　熊月之　樊和平　劉　石　劉躍進
閻曉宏　錢小萍　戴　逸　韓天衡　嚴佐之　顧　薌

《蘇州全書》編纂出版委員會

主　任　金　潔　查穎冬

副主任　黃錫明　張建雄　王國平　羅時進

編　委（按姓名筆畫爲序）

丁成明　王　煒　王　寧　王忠良　王偉林　王稼句　王樂飛　尤建豐
卞浩宇　田芝健　朱　江　朱光磊　朱從兵　李　忠　李　軍　李　峰
李志軍　吳建華　吳恩培　余同元　沈　鳴　沈慧瑛　周生杰　查　焱
洪　曄　袁小良　徐紅霞　卿朝暉　高　峰　凌郁之　陳　潔　陳大亮
陳其弟　陳衛兵　陳興昌　孫　寬　孫中旺　黃啟兵　黃鴻山　接　曄
曹　煒　曹培根　張蓓蓓　程水龍　湯哲聲　蔡曉榮　臧知非　管傲新
齊向英　歐陽八四　潘志嘉　錢萬里　戴　丹　謝曉婷　鐵愛花

前言

中華文明源遠流長，文獻典籍浩如烟海。這些世代累積傳承的文獻典籍，是中華民族生生不息的文脉和根基。蘇州作爲首批國家歷史文化名城，素有『人間天堂』之美譽。自古以來，這裏的人民憑藉勤勞和才智，創造了極爲豐厚的物質財富和精神文化財富，使蘇州不僅成爲令人嚮往的『魚米之鄉』，更是實至名歸的『文獻之邦』，爲中華文明的傳承和發展作出了重要貢獻。

蘇州被稱爲『文獻之邦』由來已久，早在南宋時期，就有『吳門文獻之邦』的記載。宋代朱熹云：『文，典籍也；獻，賢也。』蘇州文獻之邦的地位，是歷代先賢積學修養、劬勤著述的結果。明人歸有光《送王汝康會試序》云：『吳爲人材淵藪，文字之盛，甲於天下。』朱希周《長洲縣重修儒學記》亦云：『吳中素稱文獻之邦，蓋子游之遺風在焉，士之嚮學，固其所也。』《江蘇藝文志・蘇州卷》收録自先秦至民國蘇州作者一萬餘人，著述達三萬二千餘種，均占江蘇全省三分之一强。古往今來，蘇州曾引來無數文人墨客駐足流連，留下了大量與蘇州相關的文獻。時至今日，蘇州仍有約百萬册的古籍留存，入選『國家珍貴古籍名録』的善本已達三百一十九種，位居全國同類城市前列。其中的蘇州鄉邦文獻，歷宋元明清，涵經史子集，寫本刻本，交相輝映。此外，散見於海内外公私藏家的蘇州文獻更是不可勝數。它們載録了數千年傳統文化的精華，也見證了蘇州曾經作爲中國文化中心城市的輝煌。

蘇州文獻之盛得益於崇文重教的社會風尚。春秋時代，常熟人言偃就北上問學，成爲孔子唯一的南方弟子。歸來之後，言偃講學授道，文開吳會，道啓東南，被後人尊爲『南方夫子』。西漢時期，蘇州人朱買臣負薪讀書，穹窿山中至今留有其『讀書臺』遺迹。兩晉六朝，以『顧陸朱張』爲代表的吴郡四姓涌現出大批文士，在不少學科領域都貢獻卓著。及至隋唐，蘇州大儒輩出，《隋書·儒林傳》十四人入傳，其中籍貫吴郡者二人；《舊唐書·儒學傳》三十四人入正傳，其中籍貫吴郡（蘇州）者五人。文風之盛可見一斑。北宋時期，范仲淹在家鄉蘇州首創州學，並延名師胡瑗等人教授生徒，此後縣學、書院、社學、義學等不斷興建，蘇州文化教育日益發展。故明人徐有貞云：『論者謂吾蘇也，郡甲天下之郡，學甲天下之學，人才甲天下之人才，偉哉！』在科舉考試方面，蘇州以鼎甲萃集爲世人矚目，清初汪琬曾自豪地將狀元稱爲蘇州的土産之一，有清一代蘇州狀元多達二十六位，占全國的近四分之一，由此而被譽爲『狀元之鄉』。近現代以來，蘇州在全國較早開辦新學，發展現代教育，涌現出顧頡剛、葉聖陶、費孝通等一批大師巨匠。中華人民共和國成立後，社會主義文化教育事業蓬勃發展，蘇州英才輩出、人文昌盛，文獻著述之富更勝於前。

蘇州文獻之盛受益於藏書文化的發達。蘇州藏書之風舉世聞名，千百年來盛行不衰，具有傳承歷史長、收藏品質高、學術貢獻大的特點，無論是卷帙浩繁的圖書還是各具特色的藏書樓，以及延綿不絶的藏書傳統，都成爲中華文化重要的組成部分。據統計，蘇州歷代藏書家的總數，高居全國城市之首。南朝時期，蘇州就出現了藏書家陸澄，藏書多達萬餘卷。明清兩代，蘇州藏書鼎盛，絳雲樓、汲古閣、傳是樓、百宋一廛、藝芸書舍、鐵琴銅劍樓、過雲樓等藏書樓譽滿海内外，彙聚了大量的珍貴文獻，對古代典籍的收藏保護厥功至偉，亦於文獻校勘、整理裨益甚巨。《舊唐書》自宋至明四百多年間已難以考覓，直至明嘉靖十七年（一五三八），聞人詮在蘇州爲官，搜討舊籍，方從吴縣王延喆家得《舊唐書》『紀』和『志』部分，從長洲張汴家得《舊唐書》『列傳』部分，『遺籍俱出宋時模板，旬月之間，二美璧合』，于是在蘇州府學中槧刊，《舊唐書》自此得以彙而成帙，復行於世。清代嘉道年間，蘇州黄丕烈和顧廣圻均爲當時藏書名家，且善校書，『黄跋顧校』在中國文獻史上影響深遠。

蘇州文獻之盛也獲益於刻書業的繁榮。蘇州是我國刻書業的發祥地之一，早在宋代，蘇州的刻書業已經發展到了相當高的水平，至今流傳的杜甫、李白、韋應物等文學大家的詩文集均以宋代蘇州官刻本爲祖本。宋元之際，蘇州磧砂延聖院還主持刊刻了中國佛教史上著名的《磧砂藏》。明清時期，蘇州成爲全國的刻書中心，所刻典籍以精善享譽四海，明人胡應麟有言：『凡刻之地有三，吴也、越也、閩也。』他認爲『其精，吴爲最』，『其直重，吴爲最』。又云：『余所見當今刻本，蘇常爲上，金陵次之，杭又次之。』清人金埴論及刻書，仍以胡氏所言三地爲主，則謂『吴門爲上，西泠次之，白門爲下』。明代私家刻書最多的汲古閣、清代坊間刻書最多的掃葉山房均爲蘇州人創辦，晚清時期頗有影響的江蘇官書局也設於蘇州。據清人朱彝尊記述，汲古閣主人毛晉『力搜秘册，經史而外，百家九流，下至傳奇小説，廣爲鏤版，由是毛氏鋟本走天下』。由於書坊衆多，蘇州還産生了書坊業的行會組織崇德公所。明清時期，蘇州刻書數量龐大，品質最優，裝幀最爲精良，爲世所公認，國内其他地區不少刊本也都冠以『姑蘇原本』，其傳播遠及海外。

蘇州傳世文獻既積澱着深厚的歷史文化底蘊，又具有穿越時空的永恒魅力。從范仲淹的『先天下之憂而憂，後天下之樂而樂』，到顧炎武的『天下興亡，匹夫有責』，這種胸懷天下的家國情懷，早已成爲中華民族精神的重要組成部分，傳世留芳，激勵後人。南朝顧野王的《玉篇》，隋唐陸德明的《經典釋文》、陸淳的《春秋集傳纂例》等均以實證明辨著稱，對後世影響深遠。明清時期，馮夢龍的《喻世明言》《警世通言》《醒世恒言》，在中國文學史上掀起市民文學的熱潮，具有開創之功。吴有性的《温疫論》、葉桂的《温熱論》，開温病學研究之先河。蘇州文獻中藴含的求真求實的嚴謹學風、勇開風氣之先的創新精神，已經成爲一種文化基因，融入了蘇州城市的血脉。不少蘇州文獻仍具有鮮明的現實意義。明代費信的《星槎勝覽》，是記載歷史上中國和海上絲綢之路相關國家交往的重要文獻。鄭若曾的《籌海圖編》和徐葆光的《中山傳信録》，爲釣魚島及其附屬島嶼屬於中國固有領土提供了有力證據。魏良輔的《南詞引正》、嚴澂的《松絃館琴譜》、計成的《園冶》，分别是崑曲、古琴及園林營造的標志性成果，這些藝術形式如今得以名列世界文化遺産，與上述名著的嘉惠滋養密不可分。

維桑與梓，必恭敬止；文獻流傳，後生之責。蘇州先賢向有重視鄉邦文獻整理保護的傳統。方志編修方面，范成大《吴郡志》爲方志創體，其後名志迭出，蘇州府縣志、鄉鎮志、山水志、寺觀志、人物志等數量龐大，構成相對完備的志書系統。地方總集方面，南宋鄭虎臣輯《吴都文粹》、明錢穀輯《吴都文粹續集》、清顧沅輯《吴郡文編》先後相繼，收羅宏富，皇皇可觀。常熟、太倉、崑山、吴江諸邑，周莊、支塘、木瀆、甪直、沙溪、平望、盛澤等鎮，均有地方總集之編。及至近現代，丁祖蔭彙輯《虞山叢刻》《虞陽説苑》，柳亞子等組織『吴江文獻保存會』，爲搜集鄉邦文獻不遺餘力。江蘇省立蘇州圖書館於一九三七年二月舉行的『吴中文獻展覽會』規模空前，展品達四千多件，並彙編出版吴中文獻叢書。然而，由於時代滄桑，圖書保藏不易，蘇州鄉邦文獻中『有目無書』者不在少數。同時，囿於多重因素，蘇州尚未開展過整體性、系統性的文獻整理編纂工作，許多文獻典籍仍處於塵封或散落狀態，没有得到應有的保護與利用，不免令人引以爲憾。

進入新時代，黨和國家大力推動中華優秀傳統文化的創造性轉化和創新性發展。習近平總書記强調，要讓收藏在博物館裏的文物、陳列在廣闊大地上的遺産、書寫在古籍裏的文字都活起來。二〇二二年四月，中共中央辦公廳、國務院辦公廳印發《關於推進新時代古籍工作的意見》，確定了新時代古籍工作的目標方向和主要任務，其中明確要求『加强傳世文獻系統性整理出版』。盛世修典，賡續文脉，蘇州文獻典籍整理編纂正逢其時。二〇二二年七月，中共蘇州市委、蘇州市人民政府作出編纂《蘇州全書》的重大决策，擬通過持續不斷努力，全面系統整理蘇州傳世典籍，着力開拓研究江南歷史文化，編纂出版大型文獻叢書，同步建設全文數據庫及共享平臺，將其打造爲彰顯蘇州優秀傳統文化精神的新陣地，傳承蘇州文明的新標識，展示蘇州形象的新窗口。

『睹喬木而思故家，考文獻而愛舊邦。』編纂出版《蘇州全書》，是蘇州前所未有的大規模文獻整理工程，是不負先賢、澤惠後世的文化盛事。希望藉此系統保存蘇州歷史記憶，讓散落在海内外的蘇州文獻得到挖掘利用，讓珍稀典籍化身千百，成爲認識和瞭解蘇州發展變遷的津梁，並使其中藴含的積極精神得到傳承弘揚。

觀照歷史，明鑒未來。我們沿着來自歷史的川流，承荷各方的期待，自應負起使命，砥礪前行，至誠奉獻，讓文化薪火代代相傳，並在守正創新中發揚光大，爲推進文化自信自强、豐富中國式現代化文化内涵貢獻蘇州力量。

《蘇州全書》編纂出版委員會

二〇二二年十二月

凡例

一、《蘇州全書》（以下簡稱『全書』）旨在全面系統收集整理和保護利用蘇州地方文獻典籍，傳播弘揚蘇州歷史文化，推動中華優秀傳統文化傳承發展。

二、全書收録文獻地域範圍依據蘇州市現有行政區劃，包含蘇州市各區及張家港市、常熟市、太倉市、昆山市。

三、全書着重收録歷代蘇州籍作者的代表性著述，同時適當收録流寓蘇州的人物著述，以及其他以蘇州爲研究對象的專門著述。

四、全書按收録文獻内容分甲、乙、丙三編。每編酌分細類，按類編排。

（一）甲編收録一九一一年及以前的著述。一九一二年至一九四九年間具有傳統裝幀形式的文獻，亦收入此編。按經、史、子、集四部分類編排。

（二）乙編收録一九一二年至二〇二一年間的著述。按哲學社會科學、自然科學、綜合三類編排。

（三）丙編收録就蘇州特定選題而研究編著的原創書籍。按專題研究、文獻輯編、書目整理三類編排。

五、全書出版形式分影印、排印兩種。甲編書籍全部采用繁體竪排；乙編影印類書籍，字體版式與原書一致；乙編排印類書籍和丙編書籍，均采用簡體横排。

六、全書影印文獻每種均撰寫提要或出版説明一篇，介紹作者生平、文獻内容、版本源流、文獻價值等情況。影印底本原有批校、題跋、印鑒等，均予保留。底本有漫漶不清或缺頁者，酌情予以配補。

七、全書所收文獻根據篇幅編排分册，篇幅適中者單獨成册，篇幅較大者分爲序號相連的若干册，篇幅較小者按類型相近原則數種合編一册。數種文獻合編一册以及一種文獻分成若干册的，頁碼均連排。各册按所在各編下屬細類及全書編目順序編排序號。

曉菴遺書

〔清〕王錫闡　撰

據蘇州圖書館藏清光緒十四年（一八八八）《木犀軒叢書》本影印。

提要

《曉菴遺書》十五卷，清王錫闡撰。

王錫闡（一六二八—一六八二），字寅旭，號曉菴。清吴江人。年十七，遭逢明清鼎革，先後自沉絶食未遂，棄舉業而肆力于學，尤嗜天文曆算。歿後無嗣，著作遺稿經潘耒等人收集整理行世。

《曉菴遺書》含《曉菴新法》六卷、《曆法表》三卷、《大統曆法啓蒙》五卷、《雜著》一卷，皆爲王錫闡傳世之天算著述。

《曉菴新法》六卷爲王錫闡代表作。有明一代所用曆法爲《大統曆》，至明末已有較大誤差。徐光啓得耶穌會士襄助，譯介歐洲天文學著作以改革曆法，編成《崇禎曆書》，入清後改稱《西洋新法曆書》，得到官方認定。因徐光啓翻譯西書時，未能貫徹『取西曆之材質，歸《大統》之型範』之原則，康熙二年（一六六三）秋，王錫闡遂兼采中西、參以己意，著成《曆法》六卷，包含勾股割圜數學基礎、基本天文數據、氣朔計算、晝夜永短、氣差視差和日月交食凌犯等内容。該曆以崇禎元年（一六二八）爲曆元，以南京應天爲經度起點，其金星凌日算法爲前代所無，相較西人也是獨立提出，尤爲可貴。《曆法》即《曉菴新法》，後爲《四庫全書》收録。

《曆法表》三卷，上卷爲『太陽盈縮立成』等八表，中卷爲『五星段目立成』表，下卷爲『五星伏見差度立成』等十五表。《大統曆法啓蒙》五卷，分别爲《步氣朔》《步日躔》《步月離》《步五星》《步交會》。《雜著》一卷，含《曆策》《曆説》《日月左右旋問答》《五星行度解》《推步交朔序》《步交會》《測日小記序》等七篇，最後附潘耒兄檉章《辛丑曆辨》。

王錫闡上述著作吸收西法先進之處，又指出其舛誤及原因所在。其對明朝制度文物感情深厚，但並非一味死守《大統曆》，而是融會中西、創立新法，再用實測進行檢驗修正。認爲五星運行『違次』之異象是推步有誤所致，『傅以徵應』只是『曆師之所爲』。總之，王錫闡是以會通中西天算之學以求超勝爲要旨，而其天文實踐則以觀測爲根基。

本次影印以蘇州圖書館藏清光緒十四年（一八八八）《木犀軒叢書》本爲底本。原書框高十六・七厘米，廣十二・二厘米。

王曉闇先生遺書

光緒戊子冬
德化李氏刊

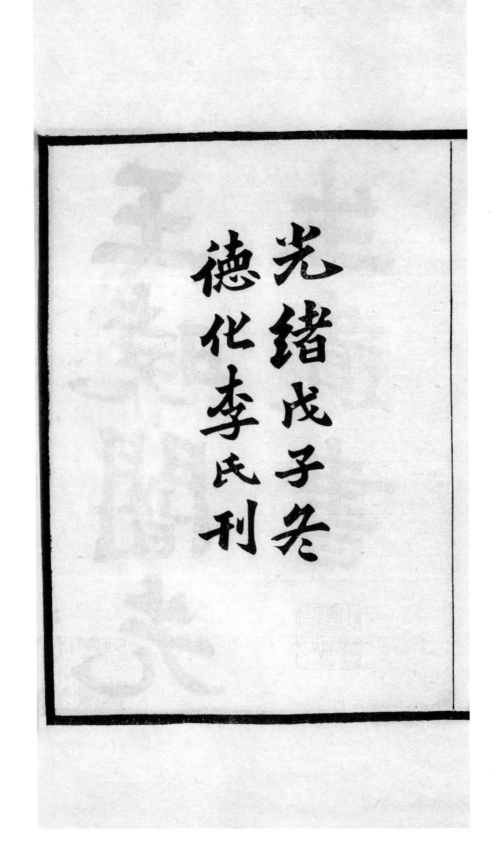

自序

炎帝八節秝之始也而其書不傳黃帝顓頊虞夏殷周魯七秝先儒謂其僞作今七秝具存大指與漢秝相似而章蔀氣朔未睹其眞其爲漢人所託無疑太初三統法雖疏遠而創始之功不可泯也劉洪姜岌次第闡明何祖專力表圭益稱精切自此南北秝家率能好學深思多所推論皆非淺近可及唐秝大衍稍親然開元甲子當食不食一行乃爲諛辭以自解何如因差以求合乎至宋而秝分兩塗有儒家之秝有秝家之秝儒者不知秝數而援虛理以立說術士不知秝理而爲定法以驗天天經地緯躔離違合之原槩未有得也國初元統

造大統秝因郭守敬遺法增損不及百一豈以守敬之術果能度越前人乎守敬治秝首重測日余嘗取其表景反覆布算前後牴牾餘所創改多非密率在當日已有失食失推之咎況乎遺籍散亡法意無徵兼之年遠數盈違天漸遠安可因循不變耶元氏藝不逮郭在廷諸臣又不逮元卒使昭代大典踵陋襲譌雖有李德芳爭之然德芳不能推理而株守陳言無以相勝誠可嘆也近代端清世子鄭善夫邢雲鷺魏文魁皆有論述要亦不越守敬範圍至如陳壤摭拾九執之餘津冷逢震墨守元會之拘見又何足以言秝乎萬秝季年西人利氏來歸頗工秝算崇禎初威宗命禮臣徐光啟譯其書

有秝指爲法原秝表爲法數書百餘卷數年而成遂盛行於世言秝者莫不奉爲俎豆吾謂西秝善矣然以爲測候精詳可也以爲深知法意未可也循其理而求通可也安其誤而不辨未可也姑舉其概二分者春秋平氣之中二正者日道南北之中也大統以平氣授人時以盈縮定日躔法非謬也西人既用定氣則分正爲一因識中秝節氣差至二日夫中秝歲差數强盈縮過多惡得無差然二日之異乃分正殊科非不知日行之朓朒而致誤也秝指直以怫已而譏之不知法意一也諸家造秝必有積年日法多寡任意牽合由人守敬去積年而起自辛巳屏日法而斷以萬分識誠卓也西秝命

日之時以二十四命時之分以六十通計一日爲分一千四百四十是復用日法矣至于刻法彼所無也近始每時四分之爲一日之刻九十有六彼先求度而後日尚未覺其繁施之中秝則窒矣反謂中秝百刻不適於用何也且日食時差法之九十六與日刻之九十六何與乎而援以爲據不知法意二也天體渾淪初無度分可指昔人因一日日躔命爲一度日有疾徐斷以平行數本順天不可損益西人去周天五度有奇斂爲三百六十不過取便割圜豈眞天道固然而黨同伐異必曰日度爲非詎知三百六十尚非弦弧之捷徑乎不知法意三也上古寘閏恆于歲終蓋秝術疏闊計歲以寘閏

也中古法日趨密始計月以寘閏而閏于積終故舉中氣以定月而月無中氣者卽爲閏大統專用平氣寘閏必得其月新法改用定氣致一月有兩中氣之時一歲有兩可閏之月若辛丑酉秝者不亦盭乎夫月無平中氣者乃爲積餘之終無定中氣者非其月也不能虛衷深考而以鹵莽之習侈支離之學是以歸餘之後氣尙在晦季冬中氣已入仲冬首春中氣將歸臘杪不得已而退朔一日以塞人望亦見其技之窮矣不知法意四也天正日躔本起子半後因歲差自丑及寅若夫合神之說乃星命家猥言明理者所不道西人自命秝宗何至反爲所惑而天正日躔定起丑初乎況十二次舍命

名悉依星象如隨節歲遞遷雖子午不妨易地而元枵
鳥咮亦無定位耶不知法意五也歲實消長昉於統天
郭氏用之而未知所以當用元氏去之而未知所以當
去西人知以日行高卑求之而未知以二道遠近求之
得其一而遺其一當辨者一也歲差不齊必緣天運緩
促今欲歸之偶差豈前此諸家皆妄作乎黄白異距生
交行之進退黄赤異距生歲差之屈伸其理一也秝指
已明于月何蔽于日當辨者二也日躔盈縮最高斡運
古今不同揆之臆見必有定數不唯日躔月星亦應同
理但行遲差微非畢生歲月所可測度西人每詡數千
百年傳人不乏何以亦無定論當辨者三也日月去人

時分遠近視徑因分大小則遠近大小宜爲相似之比例西法日則遠近差多而視徑差少月則遠近差少而視徑差多因數求理難可相通當辨者四也日食變差機在交分（西秝名交角）日軌交分與月高交分不同月高交於本道與交於黃道者又不同秝指不詳其理秝表不著其數豈黃道一術足窮日食之變乎當辨者五也中限左右日月視差時或一東一西交廣以南日月視差時或一南一北此爲視差異向與視差同向者加減迥別秝指豈以非所常遇故寘不講耶萬一遇之則學者何從立算當辨者六也日光射物必有虛景虛景者光徑與實徑之所生也闇虛恆縮理不出此西人不知日

有光徑僅以實徑求闇虛及至步推不符天驗復酌損徑分以希偶合當辨者七也月食定望惟食甚爲然虧復四限距望有差日食稍離中限卽食甚已非定朔至於虧復相去尤遠西秝乃言交食必在朔望不用朓朒次差西秝名次均加減過矣當辨者八也歲塡熒惑以本天爲全數日行規西秝名日天爲歲輪太白辰星以日行規爲全數本天爲歲輪秝指又名伏見輪故測其遲疾留退而知其去地遠近考於秝指數不盡合當辨者九也熒惑用日行高卑變歲輪大小理未悖也用自行高卑變歲輪大小則悖矣太白交周不過二百餘日辰星交周不過八十餘日秝指皆與歲周相近法雖巧非也當辨者十也語

云步秝甚難辨秝甚易葢言象緯森羅失得無所遁也據彼所述亦未嘗自信無差五星經度或失二十餘分（西法一十二分）躔離表驗或失數分交食值此當失以刻計凌犯值此當失以日計矣故立法不久違錯頗多余于秝說已辨一二乃癸卯七月望食當既不既與失食失推者何異乎且譯書之初本言取西秝之材質歸大統之型範不謂盡隳成憲而專用西法如今日者也余故兼採中西去其疵纇叅以已意著秝法六篇會通若干事考正若干事表明若干事增葺若干事立法若干事舊法雖舛而未可遽廢者兩存之理雖可知而非上下千年不得其數者闕之雖得其數而遠引古測未經目信

者别見補遺而正文仍襲其故爲目百幾十有幾爲文萬有千言非敢妄云窺其堂奥庶幾初學之津梁也或曰子雲稱洛下爲聖人識者非之嗣是名秝代興業愈精而差愈見徒供人之彈射子今法成而彈射者至矣、日培𡸁阜者易爲高浚谿谷者易爲深夫秝二千年來差愈見而法愈密非後人知勝於古也增修易善耳或者以吾法爲標的則吾學明矣庸何傷昭陽單閼菊花開日曉菴王錫闡寅旭父序

秝法一　　曉菴遺書之一

勾股

置四方形從兩隅斜分之損半爲三邊之形形之兩邊一作廉從橫相遇其隅中矩曰勾股橫爲勾從爲股舊法短爲勾長爲股今不論短長但以從橫爲定斜行以兩尖一作端下同屬于勾股之尖曰弦此爲勾股之弦與割圜法中全正較三弦異理

勾股各爲冪自因曰冪相從平方開之得弦數勾股兩冪相從卽弦冪也故開之得弦弦爲冪卽弦數自因也

以勾冪消弦冪爲股冪卽股自因數

股冪消弦冪爲勾冪即勾自因數

各以平方開之得勾股之數假如勾數三股數四勾數自因得九爲勾冪股數自因得一十六爲股冪兩冪相從得二十五爲弦冪平方開之得五爲弦數　弦五自因得弦冪二十五以勾冪九消二十五即股冪一十六平方開之得股四以股冪一十六消二十五即勾冪九平方開之得勾三餘倣此

割圜

置全圜四分之曰象限日度九十一度少強爻限九十六爻平限九十限

六分之曰紀限日度六十一度弱爻限六十四爻平限六十限

十分之曰專限日度三十六度半強爻限三十八爻四四十策平限三十六限

參分象限之一曰辰限日度三十度半弱爻限三十二爻平限三十限即半紀限也

又置辰限五分益一曰益限日度三十六度半強爻限三十八爻四十策平限三十六限即十分全周之一五分損一曰損限日度二十四度少強爻限二十五爻六十策平限二十四限即十五分全周之一又三分益

限之二也

四分紀限之一曰氣限當辰限之半日度一十五度少弱爻限一十六爻平限一十五限

三分專限之二曰辟限日度二十四度强爻限二十五爻六十策平限二十四限

三百八十四分圓周之一曰爻限全周三百八十四爻其一爻當日度之九十五分有奇平限之九十三分太一本有奇作一十一秒半强太作七十五秒

三百六十分圓周之一曰平限全周三百六十限其一限當日度之一度一分半弱爻限之一爻又三十分爻之二

以歲周分圓周曰度限亦曰日度全周三百六十五度少弱其一度當爻限之一爻五策有奇平限之九十八分半强一本有奇作一十三分半强半强作五十六秒半弱

割圓周之一曰正弧即用弧隨所用太小不拘度分

正弧與象限之較曰較弧置象限內減正弧得較弧弧之對邊以兩端屬於弧之兩端者曰全弦全弦之半爲其半弧之正弦正弦亦曰正半弦既得正弦復置半弧爲正弦正弦與半徑爲勾弦求股爲較弧之正弦亦爲正弧之較弦較弦損半徑爲得一作矢矢與正弦爲勾股得全弦置半徑內減較弦得矢矢爲勾正弦爲股勾股求弦得正弧全弦半之又爲半弧之正弦用此法可以遞損半弧求其正弦

圜之全徑爲半周全弦二度

半徑爲象限正弦亦爲紀限全弦一度

自爲勾股得象限全弦一度自因倍爲實平方開之得一度四十一分四十二秒一十三微半強即象限全弦

全徑爲冪四度四分去一三度

平方開之得倍紀全弦倍紀當日度之一百二十一度太弱爻限之一百二十八爻平

限之一百二十限其全弦得一度

七十三分二十秒五十微太強

半之爲紀限正弦八十六分六十秒二十五微半弱

四分全徑之一爲勾五十分

半徑爲股求弦去勾爲專限全弦六十一分八十秒三十四微弱一本作

勾股求弦得一度一十一分八十秒三十四微弱內去

勾五十分得六十一分八十秒三十四微弱即盆限全

弦

其冪與半徑之冪相從平方開之得倍專全弦倍專當日度之

七十三度強爻限之七十六爻八十策平限之七十二

限其全弦得一度一十七分五十五秒七十微半強

半之爲專限正弦五十八分七十七秒八十五微少強

紀限專限正弦相損為股兩正弦數俱見上相損存二十七分八十二秒四十微弱

較弦相損為勾紀限較弦五十分專限較弦八十分九十秒一十七微弱相損存三十分九十秒一十七微弱

得髀限全弦勾股求弦得四十一分五十八秒二十三微半弱為髀限全弦亦即損限全弦

有不齊之兩弧互以正弦因較弦相從為兩弧相益之正弦相消為兩弧相損之正弦倍正弦因較弦為倍弧之正弦各隨用弧大小不拘度分

中分紀限全弦為辰限正弦五十分

置辰限求全弦五十一分七十六秒三十八微強

半之為氣限正弦二十五分八十八秒一十九微強

以弦矢術遞損其半至四分爻限之一之正弦而止四分

爻限之一卽二十五策其正弦四十秒九十微半強

以二十五爲法分之爲百分爻限之一之正弦百分爻限之一卽一策其正弦一秒六十三微半強

用兩弧損益之術得三百八十四爻及諸策之正弦又法置靜限以弦矢術遞損其半至二十分爻限之二卽五策之正弦而止其數八秒一十八微强爲實五策爲法而一亦得百分爻限之一之正弦

半徑因正弦爲實較弦爲法而一得外切圜分省曰切分

半徑自因爲實較弦爲法而一得割圜界分省曰界分捷法較弧損半其切分加正弧切分卽正弧界分較弧損半其切分減正弧界分卽正弧切分

命半徑爲一度諸率以半徑爲法因之者可免因法以半徑爲法而一者可免分法後俱從省

當日度之五十八度有奇爻限之六十一爻有奇平限

之五十七限少强其一分當日度之五十八分有奇爻限之六十一策有奇平限之五十七分少强（徑一則圜三有奇圜三則徑一不足命全徑爲二度得圜法六度二十八分三十二秒不足用分全周得本文諸數）

變率（一本作割圜通率）

正弧過一象限者與半周相消（設有正弧一百爻是爲過一象限之弧與半周相減存九十二爻餘倣此）

過半周者內損半周（設有正弧二百爻是爲過半周之弧內減半周存八爻餘倣此）

至三象限以上者與全周相消（設有正弧三百爻是爲三象限以上之弧與全周相減存八十四爻）

各以所存之弧代正弧求弦矢諸數（割圜列表止一象限而全周之爲象限者四故正弧過一象限以上者與全周半周相減以所存之弧求正較弦矢切分界分）

通率一本作三度會通

有日度求交限者以交限周因之如歲周而一交限周三百八十四每度得一交五策一十三分五十七秒少弱

有交限求平限者以平限周因之如交限周而一平限三百六十每交得空限九十三分七十五秒

有平限求日度者以歲周因之如平限周而一每限得一度一分四十五秒六十一微半強

若反求者以因法爲分法分法爲因法有日度求平限者以平限周因之如歲周而一每度得空限九十八分五十六秒四十七微少強有平限求交限者以交限周因之如平限周而一每限得一交六策又參分策之二有交限求日度者以歲周因之如交限周而一每交得空度九十五分一十一秒五十一微半強

自一度以上因陟而上分分即除也降而下自一度以下因降而下分陟而上假如一度以上者以三度因四度得一十二度故日因陟而上以四度分三度得百分度之七十五故曰分降而下又如三度之冪得九度四度之冪得一十六度因陟而上也置九度平方開之得三度置一十六度平方開之得四度分降而下也餘倣此假如一度以下者以百分度之一十因百分度之一十得百分度之二十故日因降而下以百分度之一十分百分度之二十得二度故日分陟而上又如百分度之五十其冪得百分度之二十五因降而下也置百分度之二十五平方開之得百分度之五十分陟而上也餘倣此

附

與半徑爲勾弦求股爲較弦九十七分八十一秒四十七微半強

用不齊兩弧之術得氣限加半損限之較暨正弦較者氣限與半損限相損所餘之弧也其弧得百二十分圜周之一于日度爲三度四分半弱于爻限爲三爻二十策于

平限爲三限其正弦五分二十三秒三十六微弱

以弦矢術遞減其半至二十分爻限之一之弧而止其弧得七千六百八十分圜周之一于日度爲四分七十五秒半强于爻限爲五策于平限爲四分六十八秒太其正弦爲實八秒一十八微强五爲法實如法而一得百分爻限之一之正弦其弧得三萬八千四百分圜周之一于日度爲九十五秒强于爻限爲一策于平限九十三秒太其正弦一秒六十三微半强六限九宗十有二率六限者象限紀限辰限氣限益限損限也并倍紀倍益半損爲九宗又合三爻二十策一率五策一率一策一率爲十有二率咸以不齊兩弧之術錯綜損益求之得三百八十四爻三萬六千四百策之正弦用不齊兩弧之術氣限借象限相損得第一率八十爻之正弦九十六分五十九秒二十五微太强損限借象限相損得第二率七十爻四十策之正弦九十一分三十

五秒四十五微半弱得第一第二率相損得第三率九爻六十策之正弦一十五分六十四秒三十四微半弱第三率借象限相損得第四率八十六爻四十策之正弦九十八分七十六秒八十八微少强第一第三率相益得第五率八十九爻六十策之正弦九十九分四十五秒二十二微弱第四第五率相損得第六率三爻二十策之正弦五分二十三秒三十六微弱此率可以遞損其半至于五策之正弦八秒一十八微强以第六率遞相損遞相益于六限九宗可以每間三爻二十策而得一率以第五策遞相損遞相益于六率損益所得諸率可以每間五策而得一率末以一策遞相損遞相益于五策損益所得諸率可以盡得諸爻策之正弦錯綜損益弦矢之能事畢矣

秝法二

法數

度法

度法百分分秒微纖塵芒末遞以百爲法

爻法百策策法百分分秒以下俱倣此

日法

紀法六十日十干十二支互配得六十故紀法六十日

宿紀總法四百二十日又以二十八宿與十干十二支互配得四百二十故宿紀總法四百二十日

日法百刻刻法百分分秒以下倣此一本云此古法也但刻餘之分秒與度餘之分秒易於相混擬更之以刻法百息息法百瞬次則俄頃逡巡須臾倏忽遞以百爲法庶省名實同異疑誤之端但

不敢輕于變古姑從其舊而以臆見附于其次

時法八刻又參分刻之一半之爲半時法半時法四刻又六分刻之一

黃道諸數

天周

周天三百六十五度二十五分六十五秒五十九微三十二纖

半周一百八十二度六十二分八十二秒七十九微六十六纖

象限九十一度三十一分四十一秒三十九微八十二纖

內外準

內外準分三十九分九十一秒四十九微內外準分古今消長不同別見補遺

內外次準九十一分六十八秒八十六微內外次準古今消長不同別見補遺

歲差

黃道歲差一分四十三秒七十三微二十六纖一策又九十分策之四十六歲差消長古今不同別見補遺

列宿距星黃道經緯

角一本作角距亢亢距氐餘倣此一十度七十三分七十九秒一十一爻二十八策又九分策之八

南二度一分二十三秒（二爻一十一策又九分策之五）
亢一十度八十二分二十四秒（一十一爻三十七策又九分策之七）
北三度一分一秒（三爻一十六策又九分策之四）
氐一十八度一十六分一十四秒（一十九爻九策又三分策之一）
北四十三分九十六秒（四十六策又九分策之二）
房四度八十三分六十三秒（五爻八策又九分策之四）
南五度四十六分一十九秒（五爻七十四策又九分策之二）
心七度六十六分二十一秒（八爻五策又三分策之一）
南三度九十七分三十八秒（四爻一十七策又九分策之七）
尾一十五度八十二分七十八秒（一十六爻六十四策）
南一十五度二十一分九十秒（一十六爻）

箕九度四十六分九十六秒九爻九十五策又九分策之五

南六度五十九分四十九秒六爻九十三策又三分策之一

東宮蒼龍七宿七十七度五十一分五十六秒有一本下八十一爻四十九策又三分策之一

南斗二十四度一十九分八十二秒二十五爻四十四策

南三度八十八分九十三秒四爻八策又九分策之八

牽牛七度七十九分五十五秒八爻一十九策又九分策之五

北四度七十五分一十七秒四爻九十九策又九分策之五

婺女一十一度八十二分二秒一十二爻四十二策又三分策之二

北八度二十八分五十九秒八爻七十一策又九分策之一

虛一十度一十二分九十一秒一十爻六十四策又九分策之八

北八度八十二分七十秒九爻二十八策

危二十度四十一分四秒二十一爻四十五策又九分策之七

北一十度八十五分六十二秒一十一爻四十一策又三分策之一

營室一十五度九十一分二十三秒一十六爻七十二策又九分策之八

北一十九度七十一分七十一秒二十爻七十二策又九分策之八

東壁一十一度六十八分四十八秒一十二爻二十八策又九分策之四

北一十二度七十六分七十二秒一十三爻四十二策又九分策之二

北宮元武七宿一百一度九十五分五秒

奎一十三度四十二分六十六秒一十四爻一十一策又九分策之五

北一十八度五分一十八爻九十八策又三分策之二

婁一十三度一十八分九十八秒一十三爻八十六策又三分策之二

北八度六十分七十二秒九爻四策又九分策之八

胃一十三度二十分六十七秒一十三爻八十八策又九分策之四

北一十一度四十三分一十二秒一十二爻一策又九分策之七

昴八度六十分七十二秒九爻四策又九分策之八

北四度五分八十四秒四爻二十六策又三分策之二

畢一十五度一十一分七十六秒一十五爻八十九策又三分策之一

南三度四分三十八秒三爻二十策

觜觿一十一分八十四秒一十二策又九分策之四

南一十三度八十六分六十一秒一十四爻五十七策又九分策之七

參一十二度二分三十秒一十二爻六十四策

南二十四度九十二分五十四秒二十六爻二十策又九分策之四

西宮白虎七宿七十五度六十八分九十三秒一本下有七十九爻五十七策又三分策之一內觜觿距星舊用東南星今用西南星參距星舊用中西星今用中星

東井三十度八十六分八秒三十二爻四十四策又九分策之四

南八十九分六十二秒九十四策又九分策之二

輿鬼四度六十六分七十二秒四爻九十策又三分策之二

南八十一分一十七秒八十五策又三分策之一

柳一十七度二十四分八十二秒一十八爻一十三策又三分策之一

南一十二度六十三分一十八秒一十三爻二十八策

七星八度五十分五十七秒八爻九十四策又九分策之二

南二十二度七十二分七十一秒二十三爻八十九策又三分策之一

張一十八度三十三分五秒一十九爻二十七策又九分策之一

南二十六度五十八分二十六秒二十七爻九十四策又三分策之二

翼一十七度二十四分八十一秒一十八爻一十三策又三分策之一

南二十三度一分四十六秒二十四爻一十九策又九分策之五

軫一十三度二十四分五秒一十三爻九十二策

南一十四度六十二分七十二秒一十五爻三十七策又九分策之七

南宮朱鳥七宿一百一十度一十分一十一秒列宿經緯古今不同別見補遺

赤道辰次　附

子元枵之次亥娵訾之次戌降婁之次酉大梁之次申實沈之次未鶉首之次午鶉火之次巳鶉尾之次辰壽星之次卯大火之次寅析木之次丑星紀之次

日躔諸數

歲周

歲周三百六十五日二十四刻二十一分八十六秒六微（歲周消長古今不同，別見補遺）

半周一百八十二日六十二刻一十分九十三秒三微

象限九十一日三十一刻五分四十六秒五十一微五十纖

氣策一十五日二十一刻八十四分二十四秒四十二微（一本二微作一微九十一纖又三分纖之二）

候策五日七刻二十八分八秒一十四微（一本四微作三微九十七纖又九分纖之二）

土王策三日四刻三十六分八十四秒八十八微四十

纖一本四十纖作三十八纖又三分纖之一

盈策一日一刻四十五分六十一秒六十二微七十九

纖四十四塵一本四十四塵作九分纖之四　距至爻法一爻五策一十三分五十七秒一十九微一本九微下有四十三纖六十五塵五十九埃九十八沙三十六芒八十八末　諸率俱隨歲周消長古今不同別見補遺

秝周

秝周三百六十五日二十五刻四十八分六十八秒八

微秝周消長古今不同別見補遺

半周一百八十二日六十二刻七十四分三十四秒四

微

象限九十一日三十一刻三十七分一十七秒二微

秝周歲差一刻二十六分八十二秒二微秝周歲差一策又三分策之一　入秝交法一交五策一十三分二十二秒四十七微　諸率俱隨秝周消長古今不同別見補遺

朓朒準度三度亦名盈縮準度

準分八十九秒六十微古今消長不同別見補遺

月離諸數

月周

月周二十九日五十三刻五分九十一秒九十七微日躔平行三十一交四策七十二分

望策一十四日七十六刻五十二分九十五秒九十八微五十纖

弦策七日三十八刻二十六分四十七秒九十九微二十五纖

虛策九十八刻四十三分五十三秒六微五十六纖六十七塵通閏一十日八十七刻五十分八十二秒四十二微　月行交法一十四交五策四十八分二十一秒五十微　距朔交法一十三交三十四分六十四秒　通閏法一十一交四十三策五十九分六十一秒

朓朒外準二分三十一秒二十微亦名遲疾外準一本作月周日行三十一交四策五十九分七十八微五十七纖六十五塵六十九埃一十七沙三十芒二十五末

轉

轉周二十七日五十五刻四十六分一十三秒七十七微

半周一十三日七十七刻七十三分六秒八十八微五
十纖轉實差一日九十七刻五十九分七十八秒二十微　轉半差九十八刻七十九分八十九秒一十
微　入轉交法一十三交九十三五一作策五十九分六十秒　轉差法二十七交五十三策七十一分五十三
秒　半差法一十三交七十六策八十五分七十六秒五十微
朓朒準度五度五十九分亦名遲疾準度　用新法會通崇禎秝書得朓朒準度二
度
準分一分三十二秒三微用新法會通崇禎秝書得朓朒準分二分九十秒

交

交周二十七日二十一刻二十二分二十二秒三微
半周一十三日六十刻六十一分一十一秒一微五十
纖交日差二日三十一刻八十三分六十九秒九十四微　入交交法一十七四交一十一策一十三分六秒

交差法三十二爻七十一策五十二分二十八秒

交緯準分八分六十七秒二十五微

中緯準分八分九十四秒七十微

交行朓朒準分三分六秒八十微亦名交行屈申準分

氣朔定名

四孟節氣

正月立春四月立夏七月立秋十月立冬

四孟中氣

正月雨水四月小滿七月處暑十月小雪

四仲節氣

二月驚蟄五月芒種八月白露十一月大雪

四仲中氣

二月春分五月夏至八月秋分十一月冬至

四季節氣

三月淸明六月小暑九月寒露十二月小寒

四季中氣

三月穀雨六月大暑九月霜降十二月大寒

朔望弦

日月相會爲朔月離日一象限爲上弦日月相衝爲望月離日三象限爲下弦正月建寅律中太簇二月建卯律中夾鍾三月建辰律中姑洗四月建巳律中仲呂五月建午律中蕤賓六月建未律中林鍾七月建申律中夷則八月建酉律中南呂九月建戌律中無射十月建亥律中應鍾十一月建子律中黃鍾十二月建丑律中大呂

一氣三候

不及候策爲初候一候策以上爲中候二候策以上爲

末候

歲星諸數

合

合周三百九十八日八十八刻三十一分七十九秒日躔

平行三十五交三十六策八十七分

合中一百九十九日四十四刻一十五分八十九秒五

十微合周歲差三百五十一交六十一策四十二分二十六秒平行交法八策八十六分六十九秒三

十一微距合交法九十六策二十六分八十七秒八十八微

朓朒中準一十九分二十九秒四十八微準亦名遲疾中準用新法

會通崇禎秝書其歲星朓朒中準卽爲後準

轉

轉周四千三百三十三日三十七刻九分六十九秒

轉中二千一百六十六日六十八刻五十四分八十四秒五十微

轉象限一千八十三日三十四刻二十七分四十二秒二十五微入轉歲差一策九十九分七十九秒四十三微　入轉爻法八策八十六分一十四秒六十一微　轉差法三十五爻三十四策六十八分七十九秒一十微

朓朒準度三度亦名盈縮準度

準分二分三十八秒五十微

交

交周四千三百三十一日二十四刻七十八分一十七秒

交中二千一百六十五日六十二刻三十九分八秒五十微入交歲差四十一分一十三秒三十九微入交交法入策八十六分五十八秒五微交差法三十五交三十六策四十二分六秒一十六微

中緯準分二分五十二秒八十微

熒惑諸數

合

合周七百七十九日九十三刻五十一分二十八秒日躔平行五十一交九十九策三分八秒

合中三百八十九日九十六刻七十五分六十四秒合周

歲差一百七十九爻八十二策六十四分九十四秒
平行爻法五十五策九十分八秒五十五微　距合爻
法四十九策二十三分
四十八秒六十四微

朓朒中準六十五分四十九秒五十微　亦名遲疾中準
用新法會通
崇禎厤書得外
準一度一十分

轉

轉周六百八十七日五十二分八十四秒

轉中三百四十三日五十刻二十六分四十二秒

轉象限一百七十一日七十五刻一十三分二十一秒

入轉歲差二策二十二分三十七秒四十四微　入轉
爻法五十五策八十九分四十七秒六十七微　轉差
法四十五爻六十六策二
十一分八十秒三十微

朓朒準度三度　亦名盈縮準度　用新法
會通崇禎厤書得四度

準分四分六十三秒七十五微用新法會通崇禎厤書得三分七十一秒

交

交周六百八十六日九十八刻三十二分六十八秒

交中三百四十三日四十九刻一十六分三十四秒入交

歲差一策五十六分九十五秒　入交交法五十五策
八十九分六十五秒五十八微　交差法四十五交六
十六策三十五分七
十七秒三十六微

中緯準分星爲退合日分上考者以合應損中積足合周累去之餘即後合日分與合周相減得前合日分

交轉

置中積加轉應爲五星轉積足各星轉周累去之得天正冬至各星入轉日分內減前合爲至前平合加後合

爲至後平合各入轉日分上考者置中積損各星轉應爲轉積足各星轉周累去之餘仍與轉周相減得天正冬至各星入轉日分

置中積加交應爲五星交積足各星交周累去之得天正冬至各星入交日分內減前合爲至前平合加後合爲至後平合各入交日分上考者置中積損各星交應爲交積足各星交周累去之餘仍與交周相減得天正冬至各星入交日分

置平合交轉加合中爲歲塡熒惑退望太白辰星退合各入轉及入交日分辰星累加合周得次合交轉日分

通率

日

置用時以天正冬至減之爲距至日分凡隨用一日以時通日用時

平朔平合減用時爲距朔距合日分熒惑太白距合過宿紀總法者以平合減用時加宿紀總法爲距合日分

置距朔距合以朔合入秝及交轉加之爲用時入秝及交轉日分

度

置距至命日爲度卽爲距至度分求交策者以交限周因之如歲周而一爲距至交策　捷法置距至度分以交法因之得距至交策

置距朔距合及入秝交轉日分以歲周因之如各周而一得各度分求交策者以交限周因之如各周而一得各交策　捷法置距合距朔及入秝交轉日分各以其交法因之得各交策以距元積年因秝周歲差爲秝周差積損秝應交策爲所求天正冬至入秝交策加秝元秝周限爲所求天正冬至秝周限交策以距元積年因通閏交法足交限周累去之爲通餘

交策加秝元月平行得所求天正冬至月平行交策法置歲周足月離轉周累去之餘因入轉交法爲通轉應與距元積年相因累減交限全周爲轉餘交策加轉交策得所求天正冬至月離入轉交策用減月平行得所求天正冬至月離轉初限　置歲周內減月離交周十三次餘因入交法曰通交法與距元積年相因足交限周累去之爲交餘交策加交應交策得所求天正冬至月離入交交策用減月平行得所求天正冬至月離正交交限　置平朔距至交策加月周日躔平行交策得次朔距至交策弦望做此　置平朔弦望月離入轉交策加轉差法得次朔弦望入轉交策以轉半差法加平朔入轉交策疾改遲遲改疾得平望入轉交策有望求朔及兩弦互求者俱做此　置平朔望月離入交交策加交差法得次朔望入交交策　五星各置其合周歲差以距元積年因之累去交限周爲合周差餘各加合應交策得所求天正冬至五星距合交策　歲塡熒惑各以天正冬至距合交策及減交限周得所求天正冬至平行交策　以距元積年因五星入轉歲差爲轉歲差積加秝元轉初限得所求天正冬至五星轉初限交策歲塡熒惑以減所得天正冬至平行交策太白辰星反減交限周各得所求天正冬至入轉交策歲塡熒惑以距元積年因入交歲差爲交歲差積加秝元

正交限得所求天正冬至正交限交策以減所得天正冬至平行交策得所求天正冬至入交交策　太白辰星以距元積年因入交歲差足交限周累去之為交差餘加交應交策得所求天正冬至入交交策用減交限周得所求天正冬至正交限交策　置五星平合距至交策如合周日躔平行得交周平合距至交策　置五星平合入轉交策以轉差法加之入交交策以交差法加之得交周平合入轉及入交各交策

日太白辰星以距至度為平行經度月以距朔度益距至度為平行經度歲塡熒惑以距合度損距至度為平行經度交策倣此　又法月行交法五星平行交法因距至日分加天正冬至月五星平行交策各得用時月五星平行交策　月距朔五星距合各交法因距至日分加天正冬至距朔距合交策得用時月距朔五星距合各交策　日躔入秝月五星入轉入交各交法因距至日分加天正冬至入秝入轉入交交策得用時日躔入秝月五星入轉入交各交策

月置平行經度損入交度為平交度五星置各平行經

度損入交度爲正交度爻策倣此

平行分

置歲周如月周及五星合周而一各爲平離分用爻限者即距朔及距合爻法

日太白辰星皆以一度爲平行分月平離與一度相從

歲塡熒惑平離與一度相消各爲平行分用爻限者日太白辰星即距至爻法月歲塡熒惑即平行爻法

初末限

日躔入秝月星入轉度在半周已下爲朓已上去半周

餘爲朒又眡朓朒度不及象限者曰初限過象限者反

減半周餘曰末限

秝法二終

秝法三

氣朔

氣候

置歲周以距元積年因之爲中積加氣應曰通積足宿紀總法累去之得天正冬至大小餘分日曰大餘刻分曰小餘

遞加候策足宿紀總法去之凡以甲子命日者俱倣此

得各氣候日分天正冬至大小餘分即爲冬至初候日分加一候策爲冬至中候日分加兩候策爲冬至末候日分加三候策得小寒氣日分即爲小寒初候日分餘倣此

以土王策損四季中氣不及損者加宿紀總法損之凡以甲子命日者俱倣此

得土王用事日分上考者以氣應減中積爲通積凡宿紀總法累去之餘仍以宿紀總法相減得天正冬至大小餘分

平朔弦望

置中積加閏應日閏積足月周累去之得天正閏餘日分用損冬至得天正平朔大小餘分置天正閏餘加通閏即次年天正閏餘也

遞加弦策得各月平朔弦望日分上考者以閏應損中積爲閏積足月周累去之餘仍與月周相減得天正閏餘日分

盈虛

置各候以盈策遞加之得各日氣目刻分其無目之日曰盈日大統秝以無氣目之次日爲盈日

置平朔弦望以虛策累加之得各日閏目刻分其重目之日曰虛日大統秝以兩目之次日爲虛日

日躔入厤

置中積加厤應足厤周累去之得天正冬至入厤日分半周已下爲朓厤已上内减半周餘爲朒厤月五星入轉倣此

遞加候策得各氣候入厤日分加足全周去之凡足全周者俱倣此

以閏餘損天正冬至入厤不及損者加厤周損之凡周率不及損者俱倣此即天正平朔入厤日分遞加弦策得各月平朔弦望入厤日分上考者以厤應損中積足厤周累去之餘仍與厤周相減得天正冬至入厤日分

月離交轉

置中積加轉應損閏餘曰轉積足轉周累去之得天正平朔入轉日分遞加弦策得各月平朔弦望入轉日分置平朔弦望入轉加轉終差得次月平朔弦望入轉日分　置平朔入轉加轉半差朓改朒朒改朓得平望入

轉日分以望求朔及兩弦互求者俱倣此上考者置中積損轉應加閏餘日轉積足轉周累去之餘仍與轉周相減得天正平朔入轉日分

置中積加交應損閏餘日交積足交周累去之得天正平朔入交日分遞加望策得各月平朔望入交日分置平朔望入交加交終差得次月平朔望入交日分上考者置中積損交應加閏餘日交積足交周累去之餘仍與交周相減得天正平朔入轉日分

五星

平合

置中積加合應足合周累去之得天正冬至前合日分用減合周即後合日分

以前合減冬至得至前平合日分後合加冬至得至後

平合日分

置平合加半周歲塡熒惑爲退望日分太白辰三分一十九秒九十微上考者以合應損中積足合周累去之餘卽後合日分與合周相減得前合日分

塡星諸數

合

合周三百七十八日九刻二十二分八十四秒日躔平行一十三交五十一策四十三秒

合中一百八十九日四刻六十一分四十二秒合周歲差三百七十爻九十四策九十一分一十七秒平行爻法三策五十七分三十二秒一十二微距合爻法一爻一策五十六分二十五秒六微

朓朒中準一十分四十二秒八十微（亦名遲疾中準用新法會通崇禎厤書其塡星朓朒中準即爲後準）

轉

轉周一萬七百六十七日五十六分八十五秒

轉中五千三百八十三日五十刻二十八分四十二秒五十微

轉象限二千六百九十一日七十五刻一十四分二十一秒二十五微（入轉歲差二策四十六分九十三秒四十微　入轉交法三策五十六分六十四秒五十一微　轉差法一十三交四十八策四十四分七十六秒六十六微）

朓朒準度三度（亦名盈縮準度）

準分二分九十秒七十微

交

交周一萬七百五十六日八十六刻九分一秒

交中五千三百七十八日四十三刻四分五十秒五十微（入交歲差一策二十四分八秒四十五微　入交交法三策五十六分九十八秒一十五微　交差法一十二交四十九策七十一分九十三秒八十四微）

中緯準分四分三十九秒

太白諸數

合

合周五百八十三日九十一刻九十九分一十二秒（日躔平行二百二十九交九十策八十三分九十九秒）

合中二百九十一日九十五刻九十九分五十六秒（合周

歲差二百四十爻一十九策二十一分八十四秒

距合爻法六十五策七十六分二十四秒四十三微

朓朒後準七十二分二十四秒八十五微亦名遲疾後準

轉

轉周三百六十五日二十六刻五十五分七十秒

轉中一百八十二日六十三刻二十七分八十五秒

轉象限九十一日三十一刻六十三分九十二秒五十微

入轉歲差二策四十五分八十一秒五十三微

入轉交法一爻五策一十二分八十九秒八十九微

轉差法二百二十九爻八十六策九十分九十八秒九十微

朓朒準度三度亦名盈縮準度

準分八十秒二十微

交

交周二百二十四日七十刻四十分六十八秒四十二
微
交中一百一十二日三十五刻二十分三十四秒二十
一微入交歲差二百四十交一十六策七十六分二秒入交交法一交七十策八十九分一十四秒三
十二微交差法與轉差法同
中緯準分四分三十九秒

辰星諸數

合

合周一百一十五日八十七刻七十二分二十四秒日躔
平行一百二十一交八十二策八十四分五十八秒
合中五十七日九十三刻八十六分一十二秒合周歲差五十

八爻三十五策八十六分四十秒 距合爻法
三爻三十一策三十八分九十二秒二十五微
朓朒後準三十八分五十秒 亦名遲疾後準

轉

轉周三百六十五日二十七刻一十九分五十五秒
轉中一百八十二日六十三刻五十九分七十七秒五十微
轉象限九十一日三十一刻七十九分八十八秒七十五微 入轉歲差三策一十二分七十二秒六十六微 入轉爻法一爻五策一十二分七十一秒五十七微 轉差法一百二十一爻八十一策八十四分四十秒九十微
朓朒準度五度 亦名盈縮準度
準分一分一十三秒七十微

交

交周八十七日九十七刻一十三秒一十一微

交中四十三日九十八刻五十分六秒五十五微五十

纖（入交歲差五十八爻三十二策七十三分六十八秒入交爻法四爻三十六策五十一分二十三秒八十二微　交差法與轉差法同）

中緯準分三分八十一秒一十微

遠近中準

日太白辰一千一百四十二度

月五十六度七十二分

歲五千九百一十八度六十九分

熒惑一千七百四十三度六十四分

塡一萬九百五十三度三十九分

視徑中準

日

中準八十八秒六十八微用新法會通崇禎秝書得八十八秒七十五微又得徑差準分八十二秒八十六微

光徑準度一十二度四十分

月

中準九十三秒七微用新法會通崇禎秝書得九十四秒七十四微又得徑差準分二分一秒五十七微

五星

歳八秒熒惑四秒六十九微塡五秒三十一微太白九

秒四十五微辰六秒五十二微

晨夕隱見

昏明

昏明準分三十分九十秒一十七微

伏見中準

月一十七分八十八秒四十微用新法會通崇禎秝書得一十七分三十六秒五十微歲星辰星數同

歲二十八分三十三秒用新法會通大統秝得二十分四十九秒

熒惑二十二分四十三秒四十微用新法會通大統秝得三十二分一十秒崇禎秝書得一十九分九十三秒七十微

塡二十分二十六秒用新法會通大統秝得三十分四十七秒崇禎秝書得一十九分八

秒一十微

太白八分八十五秒八十微（用新法會通大統秝得一十七分九十七秒崇禎秝書得八分七十一秒六十微）

晨二十分三十七秒八十微（用新法會通大統秝得夕見晨伏二十八分七十六秒夕伏晨見三十三分一十秒）

里差

北極高下全差二萬二千五百里（東西差準九百里）

諸應

秝元

崇禎元年著雍執徐爲秝元（十干甲曰閼逢乙曰旃蒙丙曰柔兆丁曰彊圉戊曰著雍己曰屠維庚曰上章辛曰重光壬曰元黓癸曰昭陽十二支子曰困敦丑曰赤奮若寅曰攝提格卯曰單

閼辰曰執徐巳曰大荒落午曰敦牂未曰協洽申曰涒灘酉曰作噩戌曰閹茂亥曰大淵獻

南京應天爲里差之元

黃道

宿應箕四度三十四分六十秒箕宿四度五十六策九十一分

赤道

辰應三百一十度四十八分六十八秒三百二十六度四十三策二十五分

日躔

氣應三百七十四日一十刻二十分七十八秒箕甲子一十四日一十刻二十分七十八秒

秝應三百五十九日一十六刻七十五分一十七秒二百

七十七爻六十策三分秝周限六爻三十九策九十七分

月離

閏應一十三日九十四刻九十七分六十七秒月平行一百八十一爻三十九策五十三分

轉應一日六刻七十一分三十秒一十四爻八十七策一十五分轉周限一百六十六爻四十五策二十九分

交應一十日五十二刻五十三分四十四秒一百四十二策六十三分入交五十分正交限三十二爻七十九策八十一分用大統秝法會通崇禎秝書得交應一十日五十五刻六十一分二十一秒

歲星

合應一十二日四十一刻九十九分一十一爻九十五策六十五分歲

星平行三百七十二交四策二十五分

轉應三千七日五十刻五十九分二百六十六交五十策九十分　轉初限一百五交五十三策四十五分

交應四千一百一十日六十八刻六十一分三百六十四交四十四策五十四分　正交限七交五十九策八十一分

熒惑

合應四百四十五日六十八刻八十八分三百一十九交八十三策五十四分　熒惑平行一百六十四交一十六策四十六分

轉應一百八十日八十七刻九十六分一百一交一十策二十二分　轉初限六十三交六策二十四分

交應三百七十五日八十二刻九十八分二百一十交七策五十九

分　正交限三百三十八交八策八十七分

填星

合應九十六日五十一刻七十二分　九十八交二策五十三分　填星平行二百八十五交九十七策四十七分

轉應二千七百一十九日二十八刻三十三分　九十六交九十八策一十八分　轉初限一百八十八交九十九策二十九分

交應七千三百九十三日七十一刻一分　二百六十三交九十四策一十八分　正交限二十二交三策二十九分

太白

合應一十三日九十四刻四十五分　九交六十七策二分

轉應三百六十五日　三百八十三交七十一策八分　轉初限二十八策九十二分

交應一十五日一十八刻九十六分二十八秒二十五交九十
五策六十七分七十三秒　正交限三
百五十八交四策二十二分二十八秒

辰星

合應三十七日七十刻一十九分一百二十四交九十三策八十五分
轉應二百一十一日三十二刻八分二百二十一交一十五策五十四分
轉初限一百六十一
交八十四策四十五分
交應三十五日五十三刻四十一分四十五秒一百五十五交
一十六策九分四十二秒　正交限二百
二十八交八十八策九十分五十八秒

里差

北極應三十二度四十分三十四交六策

躔離定度

朓朒差

倍朓朒初末限辰星三倍之中其正弦爲勾較弦加減朓朒準度爲股倍度過象限者加不及者減辰星朒初朓末反是勾股求弦爲初法法分勾爲正弦得加減差日月歲塡熒惑太白皆日加差辰星朓初朒末不及紀限日加差過紀限日減差朒初朓末反是　捷法置勾如股而一爲切分得加減差中其界分因股得初法初法因朓朒準分爲定用加減差加減初末限爲定限定限正弦因定用爲勾較弦因定用加減一度爲股朓初朒末減朒初朓末加勾股求弦爲遠近初分置勾如初分而一爲正弦得朓

朒差捷法置勾如股而一為切分得朓朒差申其界分因股得遠近初分

次行

置平行經度以朓朒差朓益朒損之為次行

月歲熒惑塡各以次行與日躔次行相減為離度月倍之曰倍離

太白辰星置距合度以朓朒差朓損朒益之為離度

月倍離在半周已下為朓已上內減半周餘為朒五星離度倣是朓朒不及象限為初限過象限者反減半周餘為末限

月離朓朒定差

朓朒外準加定用日次準

倍離初末限正弦因外準爲勾較弦因外準損益次準爲股朓初朒末損朒初朓末益勾股求弦爲後準置勾如後準而一爲正弦得朓朒次差捷法置勾如股而一爲切分得朓朒次差申其界分因股得後準以朓朒次差朓加朒减入轉度曰次轉又以加差加减之入轉度在初限者加末限者减仍依入轉度法求朓朒初末限申其正弦因後準爲勾較弦因後準損益一度爲股朓初朒末益朒初朓末損勾股求弦爲遠近定分置勾如定分而一爲正弦得朓朒定差捷法置勾如股而一爲切分得朓朒定差申其界分因股得遠近定分

歲塡熒惑後準

以用時日躔入秝求其遠近分因三星朓朒中準爲後準用新法會通崇禎秝書歲塡即以中準爲後準熒惑以用時日躔入秝求其遠近分與一度相減餘因朓朒中準曰日躔差次以熒惑入轉度準日躔入秝度求日躔遠近分與一度相減餘因熒惑朓朒中準又以外準因之曰入轉差以所得兩差視遠近分過一度者加不及者減各加減于中準爲後準

五星朓朒次差

離度朓朒初末限正弦因後準爲勾較弦因後準損益遠近初分爲股朓初朒末益朒初朓末損勾股求弦爲遠近次分置勾如次分而一爲正弦得朓朒次差捷法置勾如股而一爲切分得朓朒次差中其界分因股得遠近次分

行定度

日躔即以次行爲行定度

月離以朓朒定差朓加朒減其平行經度爲行定度

五星各以朓朒次差朓加朒減其次行爲行定度

五星次日行定度凡言次日上日者皆以子正初限等于上日者爲留差在日度一分以下者俱爲留段少于上日者爲退

日月五星各以次日行定度與上日行定度相較爲定行分

月五星定行與日躔定行進相消退相從各爲離日定行分

　朔定日

　　四正

置四仲中氣日躔朓朒差如定行而一得日差朓損朒益四仲中氣日分得四正日分

定朔弦望

置平朔弦望日月朓朒差同名相從（日朓月朒同名爲加月朓日朒同名爲減）異名相消（日朓多應加月朓多應減日朒多應減月朒多應加）爲實月平離爲法而一得加減汎差用以加減平朔弦望爲前汎時

置前汎時覆求加減次差復以加減平朔弦望爲後汎時覆求加減後差與次差相減餘自因爲實汎差次差相減餘爲法而一得數損益其加減後差（次差多于汎差者益少者

損
爲加減定差
以加減定差加減于平朔弦望得定朔弦望日分
前後兩朔干同者前月大盡異者前月小盡兩朔間無
中氣者爲閏月

五星定合退望

五星行定度與日躔行定度相減逐日逐時細求之
無餘分者即爲定合餘半周者爲退定望若未合者置
其較分如離日定行而一得數加減用時星行定度多者加日行定度多者減太白辰星順合反此
爲定合退望日分

歲塡熒惑合前爲夕合後爲晨望前爲晨望後爲夕太
白辰星順合前爲晨合後爲夕退合前爲夕合後爲晨

內外緯度

月離正交度

月倍離初末限正弦因交周朓朒準分爲勾較弦因交
周朓朒準分損益一度爲股朓初朒末損朒初朓末益
勾股求弦爲緯差法法分勾爲正弦得交行朓朒差倍離
在朓限者交行爲朒差倍離在朒限者交行爲朓差亦
日屈伸差朓差日伸朒差日屈捷法置勾如股而一
爲切分得交行朓朒差申
其界限因股得緯差法
朓益朒損平交度爲正交度

月五星交定度

月以正交度損行定度爲交定度

五星以正交度損次行爲交定度

交定不及半周者爲正交後其緯距南曰陽秝過半周者去半周餘爲中交後其緯距北曰陰秝正交後過象限者反减半周餘爲中交前中交後過象限者反减半周餘爲正交前

黄道内外度

黄道距至度半周以下爲冬至後已上去半周爲夏至後冬至後過象限者反减半周爲夏至前夏至後過象限者反减半周爲冬至前或不分二至前後但以割圜變率求之亦可較弦因内外準分爲正弦得内外度春正限後行赤道北爲内秋正限後行赤道南爲外春正後卽夏至前後秋正後卽冬至前後

月離緯度

月在朔望者以交緯準分因交定正弦爲正弦得朔望月緯度不在朔望者以緯差法因中緯準分爲緯大限正弦又以交定正弦因之爲正弦得月緯度

五星緯度

五星遠近初分與遠近次分相減餘因中緯準分如次分而一得差較損益中緯準分爲各星緯大限正弦遠近初分多者益遠近次分多者損又以交定正弦因之爲正弦得各星緯度

經緯變度

兩道差

置黃道度正弦如內外度較弦而一為正弦得赤道經度

兩日日躔赤道經度相較餘為日躔赤道定行分

月星置交定較弦如緯度較弦而一為較弦得黃道距交度正交前者與正交度相消正交後者與正交度相從中交前者以半周益正交度相消中交後者以半周益正交度相從各得月星黃道經度

兩日黃道經度相較為黃道定行分與日躔定進相消退相從為黃道離日定行分

兩道經度相減餘為兩道朓朒差黃道強為朒赤道強為朓月星以本道強為朒黃道强為朓

有黃道經緯求赤道經緯

內外準分因緯度較弦爲先數內外次準因緯度正弦爲次數黃道經度較弦因先數爲後數月星在黃道外者以後數從次數在赤道外者以後數消次數在兩道間者以次數消後數各爲正弦得月星赤道內外度亦曰赤道緯度春正限後月星在黃道北爲黃道外赤道南爲赤道外秋正限後月星在黃道南爲黃道外赤道北爲赤道外與末所得月星赤道內外度外爲南內爲北者不同

黃道緯度較弦因黃道經度正弦如赤道緯度較弦而一爲正弦得赤道經度

兩日月星赤道經度相較爲月星赤道定行分與日躔赤道定行進相消退相從爲月星赤道離日定行分

距日定度

月星黃道經度與日躔行定度相較爲黃道距日度申其較弦因黃道緯度較弦爲較弦得月星距日定度

躔離宿度

黃道宿度

置歲差以距元積年因之用減黃道宿應如不及減者累加前宿減之得天正冬至日躔黃道宿度分與本宿前度相減餘爲次宿距星黃道經度如冬至日躔在箕宿其減餘卽爲斗宿距星黃道經度遞加列宿分度各得次宿距星黃道經度亦曰黃道宿積如加斗牛兩宿分度卽得女宿距星黃道經度之類

置七政黃道經度以近少黃道宿積減之得躔離黃道宿度

赤道宿度

置各宿距星黃道經度及南北緯度依前章求赤道經緯法得各宿距星赤道內外度及經度其經度亦曰赤道宿積

置列宿距星赤道經度各減前宿距星赤道經度（不及減者加全周減之後倣此）得赤道列宿度分（如置牛宿距星赤道經度以斗宿距星赤道經度減之餘即斗宿赤道度分列宿俱倣此）

置七政赤道經度以近少赤道宿積減之得躔離赤道

宿度

赤道上黃道宿度

置赤道宿積較弦以內外矢準分之又如正弦而一爲勾一度爲股勾股求弦弦分勾爲較弦得赤道上黃道宿積捷法置赤道宿積較弧切分如內外矢準而一爲較弧切分得赤道上黃道宿積與次宿相減得本宿度分

置七政赤道經度依上法得赤道上黃道積度以近少赤道上黃道宿積減之得躔離宿度密法以歲周因各宿距星黃道經緯度如黃道天周而一依前章求赤道經緯及本章求赤道上黃道法得數復以天周因之如歲周而一爲各宿赤道內外度經度及赤道上黃道宿積如以交策求之者不用此法但于得數之後以天周因交策如交限周而一爲度分　上考者以距元積年因歲差加宿應足本宿度分遞去之餘爲次宿度分即所求天正冬至日

躔黃道
宿度分

躔離辰次

赤道

積年因歲差以損辰應與全周相減辰應不及損者反損之不與全周相減

得元枵中限赤道積度加氣限得娵訾初限積度遞加辰限得以次各辰初限積度各辰初限即各宮界

置各辰初限積度以近少赤道宿積減之得各辰宮界入赤道宿次度分密法以初限積度因天周加歲周而一爲宮界定積以近少赤道宿積減之得宮界入宿次度分有交策求度分者以天周因交策加交限周而一得度分章內俱同

七政赤道經度與初限積度等者密法亦用宮界定積

卽以用時爲交宮刻分若未合者相減餘如七政赤道定行而一爲刻分損益用時宮界定積多者益七政經度多者損五星退行者反是

爲交宮刻分

黃道

置各辰初限赤道積度求得赤道上黃道卽各辰黃道宮界積度密法亦以天周因之如歲周而一爲黃道宮界積度

以近少赤道上黃道宿積減之得各辰宮界入黃道宿度分依赤道法得七政黃道交宮日分　上考者積年因歲差加辰應與全周相減得元枵中限赤道積度

九服里差

南北里差

置南北距元里數如高下全差而一又以象限因之南減北加于北極應得各方北極高即各方北極出地處

東西里差

北極高較弦因東西差準爲東西差法置東西距元里數如差法而一得東西里差刻分東益西損於氣應得各方氣應

命日

大餘

置大餘命虛甲子算外得宿紀干支如初日爲虛甲子一日爲危乙丑六十日爲奎甲子一百二十日爲畢甲子一百八十日爲鬼甲子二百四十日爲翼甲子三百日爲氐甲子三百

六十日爲箕甲子四百一十九日爲女癸亥至四百三十日去宿紀總法仍爲虛甲子餘倣此一捷法置大餘足紀法去之餘命甲子算外得日辰干支

小餘

置時法損半爲定時用數得四刻又六分刻之一

置小餘如定時用數而一命子正算外得各初正時未及定時用數爲子正得一爲丑初得二爲丑正三爲寅初四爲寅正至二十三爲夜子初各算外餘倣此餘不及用數者命初刻算外得各刻分如定時得三爲丑正又餘一刻卽爲丑正一刻若不及一刻卽爲丑正初刻某分秒他時及刻分皆倣此

赤道次舍附

辰率

辰策三十度四十三分八十秒四十六微六十一纖三十

二爻

半之爲半辰策于天周度爲一十五度二十一分九十秒二十三微三十纖五十塵于爻限爲一十六爻　天周一度爲爻限之一爻五策一十三分一十五秒八十三微二十二纖六十七塵二十一埃六十一沙二十五芒五十五末爻限一爻爲天周度之九十五分一十一秒八十八微九十五纖六十五塵六十二埃五十沙

辰次積度

亥娵訾之次一十五度二十一分九十秒二十三微三十纖五十塵一十六爻

戌降婁之次四十五度六十五分七十秒六十九微六十一纖五十塵四十八爻

酉大梁之次七十六度九分五十一秒一十六微二十

二纖五十塵（八十爻）

申實沈之次一百六度五十三分三十一秒六十二微八十三纖五十塵（一百十二爻）

未鶉首之次一百三十六度九十七分一十三秒九微四十四纖五十塵（一百四十四爻）

午鶉火之次一百六十七度四十分九十三秒五十六微五纖五十塵（一百七十六爻）

巳鶉尾之次一百九十七度八十四分七十三秒二微六十六纖五十塵（二百八爻）

辰壽星之次二百二十八度二十八分五十三秒四十九微二十七纖五十塵（二百四十爻）

卯大火之次二百五十八度七十二分三十三秒九十五微八十八纖五十塵二百七十二爻

寅析木之次二百八十九度一十六分一十四秒四十二微四十九纖五十塵三百四爻

丑星紀之次三百一十九度五十九分九十四秒八十九微一十纖五十塵三百三十六爻

子元枵之次三百五十度三分七十五秒三十五微七十一纖五十塵三百六十八爻

秝法三終

秝法四

晝夜永短

赤道日周

置全周加一日日躔赤道定行爲赤道日周

升降差

內外度及北極高兩正弦相因爲實兩較弦相因爲法

而一爲正弦得升降差 捷法內外度及北極高兩切分相因爲正弦得升降差凡求日

月星升降差皆同法

晝夜分

置日躔升降差倍之如赤道日周而一爲晝夜差刻分

損益五十刻爲晝刻分 春正後益秋正後損

與百刻相減爲夜刻分

日出入分

夜刻損半爲日出前汎時加晝刻爲日入前汎時

置前汎時眞刻分凡所得日出入時皆定刻分須借後篇氣差反損益之得眞刻分下倣此

覆求日出入次汎時

兩汎時齊分者卽以次汎時爲定時若未合者又置次

汎時眞刻分求日出入後汎時

次後兩汎時之較自因如前次兩汎時之較而一日較

差損益後汎時定刻分爲日出入定時次汎時在前汎時以上爲益以下爲損

置日入定時內損本日日出定時爲晝定刻分以日入

定時減冬日日出定時爲夜定刻分

昏明分

置日出入定時眞刻分進退四刻爲昏明前汎時日出退日入進下皆倣此

求其日躔赤道內外度益北極高爲外較如在一象限以上者與半周相減餘爲外較後倣此損北極高爲內較兩申其較弦相從損半爲先數以昏明準分損外較或內較較弦日在赤道南損內較赤道北損外較不及損者其自日入後至日出前皆爲朦朧分爲次數如先數而一爲矢得距中度次數大於先數者倍先數內減次數餘如先數而一爲矢所得距中度過一象限先有弦矢而所得弧度當過一象限者以弦矢入割圜表申其

弧度與半周相消即得所求弧度凡言所得弧度過一象限者皆依此法

如赤道日周而一爲距中刻分以夜定刻損半相消曰朦朧分損益日出入定時得昏明次汎時

置次汎時眞刻分覆求得後汎時

置三汎時依日出入法得昏明定時

昏明定時與日出入定時相消爲朦朧定分

求昏明中界者置日出入時眞刻分進退二刻求內外兩較及先數以昏明準分之半損外較或內較較弦爲次數依上法求之得昏明中界定時

五星遠近補

遠近定分

五星中緯準分因交定正弦爲正弦得中緯度

遠近初分因中緯度正矢用損遠近次分餘爲股初分

因中緯度正弦爲勾勾股求弦得遠近定分

月星光體盈虧

徑體準度

日月星各以遠近中準因遠近定分得遠近定度又以

視徑中準因遠近中準得徑體準度

光體汎加分

月星距日定度正弦因月星遠近定度爲勾較弦因遠

近定度損益日遠近定度爲股月星距日過象限者益不及象限者損不足損

者反損之所得汎

加分過一象限

勾股求弦爲實距度置勾如實距度而一爲正弦得光體汎加分捷法置勾如股而一爲切分得光體汎加分申其界分因股得實距

光體次加分

置日徑準度內損月星徑體準度爲餘準如實距度而一爲先數又置月星徑體準度如其遠近定度而一爲次數用損先數爲正弦得光體次加分

光體定分

兩加分及月星距日定度相從不及半周者即爲光體定度過半周者與半周相減餘爲光體定度在象限以下申正矢以上申正矢損全徑各爲實如二十而一得光體定分捷法半其實退位即光體定分

視徑

日月徑分

日月遠近定分與一度相減餘因日月視徑中準如定分而一損益視徑中準遠近定分過一度者損不及者益爲正弦得日月徑分用新法會通崇禎秝書以日月遠近初分與一度相減餘因徑差準分如初分而一得數視初分過一度者減不及者加加減於視徑中準爲正弦得日月徑分又增法月遠近定分與遠近初分相減餘因月徑正弦如定分而一得數視定分強於初分者減弱於初分者加加減於月徑正弦仍爲正弦得月徑次分

五星徑分

五星遠近定分與一度相減餘以五星視徑中準因之如定分而一損益視徑中準定分過一度者損不及者益

爲正弦得各星徑分

闇虛

置光徑準度去二度曰餘準倍日躔遠近定度如光徑餘準而一曰總率內減月離遠近定度餘倍之如總率而一爲勾月離遠近定分爲股勾股求弦弦分勾爲全弦得闇虛分捷法半勾如股而一爲切分得闇虛半徑

月星伏見

赤道離日日周

置赤道日周順損逆益月星赤道離日定行得月星赤道離日日周

伏見準度

月星遠近初分與一度相減餘以伏見中準因之如初分而一損益伏見中準初分過一度者損不及者益爲正弦得伏見準度用新法會通大統秝及崇禎秝書以伏見中準爲正弦即得伏見準度

升降較

以晨夕日躔升降差晨以日出分爲限夕以日入爲限損益其赤道經度春正後升損降益秋正後升益降損爲日躔赤道升降度

以晨夕月星升降差損益其赤道經度視月星赤道內外度內度升損降益外度升益降損

爲月星赤道升降度

日躔及月星兩升降度相減爲升降較

定伏見

月離升降較在伏見準度以上者爲見以下者爲伏

五星置升降較如赤道離日日周而一爲升降前後刻分損益日出入分爲星出入分星在日西者爲前損日出分星在日東者爲後益日入分

晨伏見者用因全周夕伏見者以減百刻餘因全周爲赤道距中度象限以上申較弦加一度象限以下申其矢各爲先數亦以日躔內外度益北極高爲外較損北極高爲內較兩申其較弦相從損半因先數日行赤道

南損外較赤道北損內較各較弦爲正弦得日入地度

在各星伏見準度以上爲見以下爲伏大統秝但以黃道求五星伏見自具大統秝經今不贅　用新法會通崇禎秝書其求五星伏見與月同法

歲填熒惑順合伏太白辰星合退伏皆夕伏晨見

月晦朔太白辰星順合伏皆晨伏夕見

月及歲星晝見太白晝見經天皆不在伏見之限

極交分

置赤道較弦如黃道較弦而一爲正弦得過北極弧交黃道分省曰極交分

秝法四終

瞑菴遺書

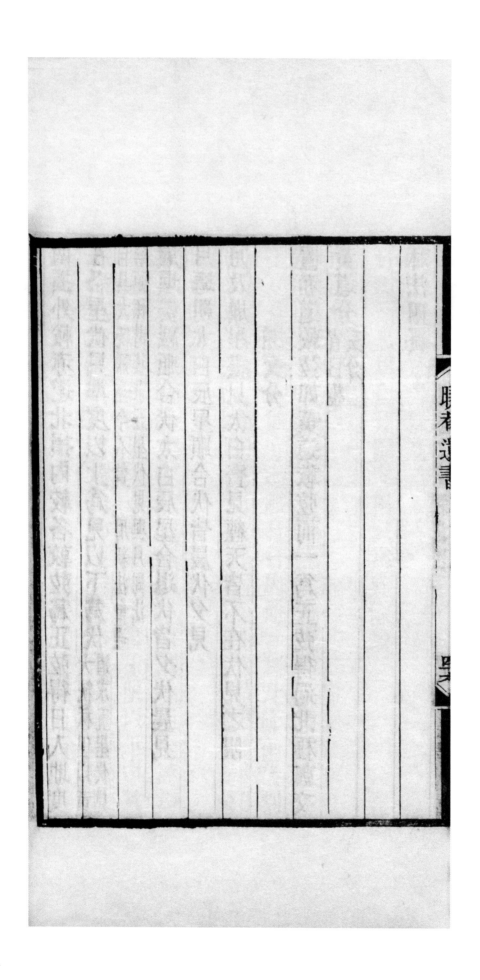

秝法五

氣差

日躔平行經度與赤道經度相減餘如赤道日周而一得氣差刻分赤道經度强於平行者爲損差平行經度强於赤道者爲益差損益日下小餘分爲定刻分益足百刻者其大餘進一日不及損者加百刻損之其大餘退一日

小盡之月遇次月合朔進一日者其月改大盡大盡之月遇次月合朔退一日者其月改小盡閏月因本月退朔得中氣在朔者移閏於前一月因次月進朔得中氣在本月之晦者移閏於後一月

先有定刻分求眞刻分者如前兩篇所求日下小餘皆爲眞刻分

其損益反用之

凡求經緯諸數皆用眞刻分如前兩篇諸法

凡求視差諸數以距午距中分斜正多寡者皆用定刻分如本篇諸法

視差

午位黃赤道

先以用時眞刻分求得七政黃赤兩道內外經緯諸度分

置用時定刻分與五十刻相較爲距午刻分用時定刻分不及五十刻者爲午前過五十刻者爲午後

以全周因之爲距午赤道度損益日躔赤道經度午前損午

後益

爲午位赤道度其正弦因內外次準爲法法分較弦爲勾一度爲股勾股求弦弦分勾爲較弦得午位黃道度捷法午位赤道較弦因較弧界分如內外次準而一爲較弧切分得午位黃道　又法以較弧切分如內外次準而一爲較弧切分得午位黃道

求其內外度損益北極高內度損外度益與象限相減得午位黃道高

黃道午中差

極交分較弦因午位黃道高較弦如正弦而一爲勾一度爲股勾股求弦弦分勾爲正弦得黃道午中差捷法極交分較弦因午位黃道高較弧切分爲切分得午中差

黃道中限

置午位黃道以午中差損益之（午位黃道在半周以下者益以上者損）爲黃道中限度與七政黃道經度相較得各曜距中度（中限度强於七政經度爲中後七政經度强於中限度爲中前）

黃道中限高

極交分正弦因午位黃道高較弦爲較弦得黃道中限高

黃道高度及交分

黃道中限高正弦因距中較弦爲正弦得日月星黃道高度其較弦分中限高較弦爲正弦得高度交分

日月星高度及交分

日躔高度及交分卽以黄道爲定

月星緯度正弦因黄道高較弦爲先數緯度較弦因黄道高正弦爲次數黄道高度交分正弦因先數爲後數損益次數月星緯北者益緯南者損爲正弦得月星高度

黄道高度較弦因黄道高交分較弦如月星高較弦而一仍爲較弦得月星高交分

月星高交黄道分

月星緯正弦爲實交分正弦因月星緯較弦爲法而一爲勾一度爲股勾股求弦弦分勾爲正弦得月星高距黄道分置月星緯切分如交分正弦而一爲切分得月星高距黄道分

置月星緯正弦如月星高距黄道正弦而一仍爲正弦得月星高交黄道分

三差

置七政高度較弦如遠近定度而一爲正弦得通差

七政高度交黄道分正弦（日躔即黄道高度交分下倣此）因通差正弦仍爲正弦得南北差

七政高度交黄道分較弦因通差正弦爲正弦得東西差

晨昏日月徑

晨昏徑差

置遠近定度去一度日距地度日月高度較弦爲勾較

矢加距地度爲股勾股求弦曰距人度如遠近定度而一爲晨昏遠近定分與一度相減餘以日月徑分正弦因之如晨昏遠近定分而一爲晨昏徑差晨昏遠近定分過一度者爲損差不及一度者爲益差　捷法距人度與遠近定度相減餘因日月徑分正弦如距人度而一得晨昏徑差

晨昏徑分

以晨昏徑差損益日月徑正弦仍爲正弦得晨昏日月徑分

月體光魄定向

汎向

月離黃道與午位黃道相減爲黃道距午度月離黃道强於午位

黃道爲午前午位黃道强於月離黃道爲午後

次以午位及月離兩黃道高度較弦相因爲先數正弦相因爲次數損距午較弦不及損者反損之下所得弧過象限爲後數如先數而一爲較弦其弧與半周午前相從午後相消爲汎向起子中位算外後皆同

次向

朔後者以黃道高度交分中前加汎向中後反減半周餘加汎向望後者以黃道高度交分中後減汎向中前反減半周餘減汎向各爲次向

定向

月緯度正弦如距日定度正弦而一爲正弦得差較分

用以損益次向朔後緯南損緯北益望後緯南益緯北損爲魄體定向加半周爲光體定向又損益一象限爲光魄界定向

變差 附

赤道

秝元以南以里差損北極應不及損者反損之餘爲南極出地度其地在赤道南凡以內外度論損益者皆反用之如第四篇第一章晝夜差改用春正後損秋正後益損益五十刻爲晝刻分 又如第四篇第四章日躔升降差改用春正後升益降損秋正後升損降益損益其赤道經度爲日躔赤道升降度月星升降差改用內度升益降損外度升損降益損益其赤道經度爲月星赤道升降度又求日入地度法以日躔內外度益南極高爲外較損南極高爲內較兩申其較弦相從損半因先數視日躔在赤道南者損內較赤道北者損外

較各較弦爲正弦得日入地度　凡用北極高者皆改從南極高反用損益卽得

黃道

午位黃道行赤道內度强於北極高者內去北極高度餘與象限相減爲午位黃道高其午位及中限兩黃道皆在天中之北　地在赤道南者午中兩黃道皆在天中北唯午位黃道行赤道外度强於南極高者內去南極高度餘與象限相減爲午位黃道高其午中兩黃道皆在天中南

凡以黃緯南北論損益者皆反用之　如本篇第二章午中差改用午位黃道在半周以下損以上益損益午位黃道爲黃道中限度又求月星高度所得後數改用緯南爲益緯北爲損損益次數爲月星高正弦　又如本篇第四章求汎向其所得弧午後者卽爲汎向午前者與全周相減餘爲汎向又求次向朔後者以黃道高度交分中前減汎向中後從半周加汎向望後者以黃道高度交分中後加汎向中前從半周損汎向各爲次向唯求定向者全用正交雖有南北緯度不從變差損益　凡午中兩黃道

在天中南者皆從正交午中兩
黃道在天中北者皆從變差

秝法五終

秝法六

日食

南北較差

日南北差與月南北差同向相消異向相從曰南北較差月星緯加黃道中限高不及象限者即爲視差同向過象限者以月星緯正弦因月星距中黃道較弦得數大於中限高較弦爲視差異向小於中限高較弦爲視差同向

東西較差

月東西差損益月離黃道爲先數月離中前爲益中後爲損凡以月星東西差爲損益者皆從月星中前中後爲定

日東西差損益月離行定爲次數日躔中前爲益中後爲損凡以日東西差損益者皆從日躔中前中後爲定

兩數相消曰東西較差

食甚定時

置定朔定刻分東西較差如月離日定行分而一得時差前汎分（中前爲損差中後爲益差下皆同）損益定刻分爲食甚前汎時（欲求眞刻分以氣差反損益之下皆同）

置前汎時（先以眞刻分求日月經緯諸數次以定刻分求高度視差諸數篇內俱倣此　凡經緯高度視差諸數各就本時求之篇內皆同）覆求時差次汎分（與求前汎分同法下倣此）損益定朔定刻分爲食甚後汎時

置後汎時覆求時差後汎分與次汎分相減餘自因爲實前次兩汎分相減餘爲法而一加減後汎分（次汎分多於前

汛分者爲加前汛分多於次汛分者爲減

爲時差定分損益定朔爲食甚定時損益定朔眞刻分得食甚定時眞刻分以求經緯諸數損益定朔定刻分得食甚定時定刻分以求高度視差諸數凡以大小餘命日時者皆定刻分　如欲密求者再以時差後汛分損益定朔依前法復求時差與後汛分相減餘自因爲實次後兩汛分相減餘爲法而一得數視後汛分多者加次汛分多者減加減末所得時差爲定分更欲密者推此法累求之

日食分秒

食甚定時南北較差損益月緯視差異向者皆爲益視差同向者南緯益北緯損如不及損卽反損之餘爲南緯若黃道中限在天中北者反是後皆倣此

曰定緯南曰陽秝北曰陰秝

食甚定時日月兩晨昏徑分凡日月晨昏徑及闇虛月星徑分各就本時求之篇內皆同

相從損半曰日食用數內損定緯爲日食限不及損者不食

如本時晨昏日徑而一得日食分秒

初虧復圓

食甚定時用數正弦與定緯正弦爲勾弦求股爲正弦

得日食行分損益交定初虧損復圓益

爲虧復入交各求緯度損益南北較差損益與日食分秒法同

爲定緯其正弦仍與用數正弦爲勾弦求股爲正弦得

初虧復圓行分如月離日定行而一爲虧復汎用刻分

損益食甚定時初虧損復圓益

爲虧復前汎時以上諸數俱從食甚定時

置虧復前汎時黃道距日度以上諸數各從本時如初虧前汎時卽從初虧前汎

時諸數復圓前汎時卽從復圓前汎時諸數餘倣此

以東西較差損益之初虧中前損中後益復圓中前益中後損初虧在朔後復圓在朔前者以黃道距日度反損東西較差初虧有日躔中前月離中後者復圓有月離中前日躔中後者皆以東西較差益月離黃道距日度

爲日月次距如汎用分而一日時差法

虧復前汎時南北較差損益月緯爲定緯其正弦爲勾用數正弦爲弦此用數卽以前汎時日月兩晨昏徑分相從損半得數後皆倣此勾弦求股爲正弦得前汎時虧復行分與次距相減餘爲行差如時差法而一爲行差刻分次距强於虧復行分者初虧爲益差復圓爲損差虧復行分强於次距者初虧爲損差復圓爲益差後皆倣此損益前汎時爲虧復次汎時

以虧復次汎時覆求次距及虧復行分兩數相較無餘分者即以次汎時爲定時若未齊者復求行差刻分求時差法之術與前汎時同但以虧復次汎時與食甚定時相較爲汎用刻分後皆倣此損益次汎分覆求之至虧復行分及次距齊分而止得初虧復圓定時行差在一分以下者置爲實如時差法而一爲刻分損益汎時即爲定時

初虧復圓定時與食甚定時相減爲初虧復圓各定用分兩定用相從爲日食中積分

既內

日食至十分者曰既以上爲既內以日晨昏徑分損用數此晨昏徑及用數皆從食甚定時金環倣此爲既內用數依初虧法求之得食既定時依復圓法求

之得生光定時各與食甚定時相減爲食既生光兩定用分兩定用相從爲既內中積與日食中積相消爲既外客分（食既生光經緯高度視差及兩晨昏徑用數皆各從其汎時定時眞定刻分求之金環分環合環倣此）

金環

日食限大於月徑者食有金環以月徑損用數爲金環用數如日徑而一得金環周度分秒（此日月兩徑卽食甚定時晨昏徑分）依初虧法得合環定時依復圓法得分環定時其合環已前分環已後缺處爲玦口合環分環兩定時與食甚定時相減爲合環分環各定用分兩定用相從爲金環中積分

日食方位

置七限日躔黃道度初虧食既合環食甚分環生光復圓是爲七限與午位黃道相減爲日躔距午度次以午位及日躔兩黃道高度較弦相因爲先數正弦相因爲次數與距午較弦相減距午較弦大於次數者下所得弧小於象限距午較弦小於次數者下所得弧大於象限若距午黃道過一象限者不論其較弦與次數大小下所得弧背過一象限月體光魄汎向法亦同爲後數如先數而一爲較弦其弧與半周午前相從午後相消爲汎向若午中兩黃道在天中北者午前以所得弧損全周爲汎向午後卽以所得弧爲汎向

初虧以黃道高度交分中後損汎向中前反減半周餘損汎向各爲次向食既合環倣此　午中兩黃道在天中北者以黃道高度交分中後益汎

（向中前從半周損洸向各爲次向）復圓以黃道高度交分中前益洸向中後反減半周餘益洸向各爲次向（生光分環倣此午中兩黃道在天中北者以黃道高度交分中前損洸向中後從半周益洸向各爲次向）食甚定時中前依初虧法中後依復圓法各得次向

置六限定緯正弦（日食七限除食甚爲六限）如三用數正弦而一（初虧復圓各從本時日食用數食既生光各從本時既內用數合環分環各從本時金環用數是爲三用數）仍爲正弦得差較分用以損益次向（初虧緯南益緯北損復圓緯南損緯北益食既合環同初虧分環生光同復圓）爲晦體定向（食既生光爲明體定向合環分環爲玦日定向）

食甚定時以象限損益定向中前緯南益緯北損中後緯南損緯北益

爲晦體定向

置晦體定向損益半周過半周者損不及半周者益

爲明體定向食既生光置明體定向損益半周爲晦體定向

食甚定時日月兩晨昏半徑正弦各自因相減如定緯正弦而一爲先數日徑大於月徑者內言日月徑皆食甚定時晨昏徑分先數加定緯正弦爲次數日徑小於月徑者以先數損定緯正弦不及損者反損之下所得晦界過一象限爲次數置次數如日徑全弦而一爲較弦得晦界度分用以損益晦體定向爲晦明界定向

帶食

日食在早晚者以日出入時定緯正弦爲勾日月次距正弦爲股（日食在早從日出時　日食在晚從日入時）勾股求弦爲正弦得日月定距以損本時日食用數爲帶食限（不及損者無帶食）如日晨昏徑而一得帶食分秒食甚時在晝者曰帶食內分在夜者曰帶食外分

食在早者以初虧定時減日出時（不及減者無帶食）餘爲不見食刻分與日食中積相消爲見食刻分食在晚者以日入時減復圓定時（不及減者無帶食）餘爲不見食刻分與日食中積相消爲見食刻分

帶食方位

置日出入時視在食甚前者準初虧食甚後者準復圓求得泚向及次向

以帶食定距準日食用數求得差較分損益次向損益與求虧復方位法同爲帶食定向

月徑變差

置光徑準度如日遠近中準而一曰光徑準分與日視徑中準相減曰日徑較分月視徑中準因之如月晨昏徑正弦而一曰晨昏較分

北極高矢冪因晨昏較分曰日徑加差加日視徑中準以日晨昏徑正弦因之如日視徑中準而一曰晨昏光

徑準分

月晨昏徑正弦因日晨昏徑正弦如晨昏光徑準分而一爲正弦得里差變徑又曰月晨昏定徑凡求日食唯赤道之下止用月晨昏徑其餘各方皆當用月晨昏定徑　右以北極高下求里差變徑亦約略可得但四時有寒暑燥濕之異九服有平原山澤之分以及雲霞之類皆能變易月徑當隨地隨時測定用之未可執一以爲成法故不著於正文而附見章末云

月食

食甚定時

置定望月離黃道經度與日躔行定度相減餘如月黃道離日定行分而一爲時差分損益定望眞刻分交前益交後損

爲食甚定時眞刻分，復以氣差損益之，爲食甚定時定刻分。凡求經緯及闇虛月徑諸數皆從眞刻分，凡求高度視差方位及命日命時皆從定刻分，章內皆同。

月食分秒

食甚定時月徑分篇內日食凌犯諸法皆用日月晨昏徑，唯月食法止用月徑分與闇虛相從損半爲月食用數，內損月緯度爲月食限緯南爲陽秝，緯北爲陰秝。不及損者不食，如月徑而一爲月食分秒。

初虧復圓

食甚定時月食用數及月緯兩正弦各爲冪相消，平方開之爲正弦，得月食行分，損益交定度初虧損，復圓益爲虧復入交，求緯度，其正弦爲冪，以消用數冪，平方開

之爲正弦得初虧復圓行分如月黄道離日定行而一
爲虧復汎用刻分損益食甚定時眞刻分初虧損復圓益
爲虧復前汎時以上諸數俱從食甚定時
置虧復前汎時月緯及用數兩正弦以下諸數各從本時求之　此用數即以前汎時月徑闊虛相從損半得數後皆倣此
各爲羃相消平方開之爲正弦得平距亦名前汎時虧復行分
與月離黄道距日度相減餘爲行差如月黄道離日定
行分而一爲行差刻分損益前汎時平距大於黄道距日度者初虧損復圓益平距小於距日度者初虧益復圓損
爲虧復次汎時
以次汎時覆求行差刻分損益次汎時此損益與前汎時同法

爲初虧復圓定時眞刻分又以氣差損益之得初虧復圓定時定刻分

初虧復圓定時與食甚定時相減得初虧復圓各定用分兩定用相從爲月食中積刻分

既內

月食至十分曰既以上爲既內以月徑損月食用數此月徑及用數皆從食甚定時餘爲既內用數依初虧法得食既定時依復圓法得生光定時各與食甚定時相減爲食既生光定用分兩定用相從爲既內中積刻分與月食中積相減爲既外刻分

月食更點

置夜定刻如五而一爲更率倍更率如十而一爲點率

置日入時以點率遞加之得各更點刻分凡更點皆用算內如日入時加點率二次卽爲一更二點加點率五次卽爲二更一點之類餘倣此

月食五限刻分初虧食既食甚生光復圓爲五限

在各更點刻分以上者卽爲所交更點假如日入時七十五刻卽得夜刻五十以一十刻爲更率二刻爲點率置日入時七十五刻加更率一次得八十五刻爲二更一點又加點率一次得八十七刻爲二更二點視五限刻分在八十五刻以上卽交二更一點八十七刻以上卽交二更二點餘倣此

一更二點以內日昏分五更三點以外日晨分通日晨昏分又日昏明分

月食方位

置五限月離黃道與午位黃道相減爲月離距午度依日食法得汎向

初虧以黃道高度交分中前益汎向中後反減半周餘益汎向復圓以黃道高度交分中後損汎向中前反減半周餘損汎向各爲次向若午中兩黃道在天中北者初虧依日食復圓法復圓依日食初虧法各得汎向食既法同初虧生光法同復圓

食甚先定望者依初虧法後定望者依復圓法各得次向

置四限月緯正弦月食五限去食甚爲四限如兩用數正弦而一初虧復圓各從本時月食用數食既生光各從本時既內用數是爲

兩用數

仍爲正弦得差較分用以損益次向其損益與日食相同

爲晦體定向食既生光爲明體定向

食甚以象限損益次向食甚定時在定望前者緯南益緯北損定望後者緯南損緯北益

爲晦體定向

置晦體定向損益半周與日食同法

爲明體定向食既生光置明體定向損益半周爲晦體定向

食甚定時月闇虛兩半徑正弦各自因相減如月緯正弦而一爲先數用損月緯正弦不及損者反損之下所得晦界過一象限

餘如月徑全弦而一爲較弦得晦界度分損益晦體定

向爲晦明界定向

帶食

月食在昏旦者以日出入時月緯較弦因月離黃道距日較弦月食在初昏者從日入時在將旦者從日出時仍爲較弦得定距以損用數餘爲帶食限不及損者無帶食如月徑而一得帶食分秒食甚在夜者曰帶食內分食甚在晝者曰帶食外分

食近初昏者以初虧定時減日入時不及減者無帶食餘爲不見食刻分與月食中積相消爲見食刻分食近平旦者以日出時損復圓定時不及損者無帶食餘爲不見食刻分與月食中積相消爲見食刻分

帶食方位

置日出入時視在食甚前者準初虧食既在食甚後者準生光復圓求得汎向及交向以帶食定距準月食用數求得差較分損益交向損益與月食虧復方位法同為帶食定向日出入時値月食既內者不必求帶食方位

太白食日

太白晨昏定徑

太白遠近定度因日徑較分如月離遠近中準而一為日徑加差加日視徑中準以日晨昏徑正弦因之如日視徑中準而一曰晨昏光徑準分一本云置日躔遠近中準內損月離遠近

中準日月遠近差依月星光體盈虧法得日太白實距度與日月遠近差相減餘因日徑較分如實距度而一爲益差益日徑較分爲太白較分晨昏光徑準分九服不同宜隨地測定酌用之

依日月晨昏徑法求得太白晨昏徑分正弦因日視徑中準如晨昏光徑準分而一爲正弦得太白晨昏定徑一本云依日月晨昏徑法求得太白晨昏徑分內損太白較分爲正弦得太白晨昏定徑　省曰太白定徑

東西南北較差

以星躔準月離依日食法得太白東西南北較差

中食定時

置太白退定合時東西較差如太白離日定行分而一得時差前洸分中前爲益差中後爲損差章內俱倣此損益定合時得中食前洸時日星經緯諸數皆用眞刻分高庳視差諸數及命日

命時皆用定刻分後俱倣此

置前汎時覆求時差次汎分損益定合時爲中食後汎時

置後汎時覆求時差後汎分依日食法得時差定分損益定合時得中食定時

食日淺深

中食定時南北較差損益星緯以星緯準月緯即與日食同法後倣此日定緯緯南爲陽厤緯北爲陰厤

中食定時日晨昏徑太白定徑相從損半日食日用數內損定緯爲食中限不及損者不食

如晨昏日徑而一爲太白食日入中分秒省曰食中分秒

其食中分秒多寡即爲食日淺深

出入二限

中食定時用數正弦與定緯正弦爲勾弦求股爲正弦

得食日行分損益太白交定入日益出日損

爲出入二限入交各求緯度損益南北較差爲定緯其

正弦仍與用數正弦爲勾弦求股爲正弦得太白入日

出日行分如太白離日定行而一爲出入泯用刻分入

日損出日益損益中食定時爲出入前泯時以上諸數俱從中食定時

置出入前泯時太白黃道距日度以下諸數各從本時宜借日食法類推之

以東西較差損益之入日中前益中後損出日反是若入日在合後出日在合前者以黃

（道距日度反損東西較差入日或日在中後星在中前出日或日在中前星在中後皆以東西較差益太白黃道距日度）

為日星次距如各汎用分而一曰時差法

太白入日準初虧出日準復圓依日食法得行差及行差刻分損益前汎時為出入次汎時（損益亦與日食法同）以出入次汎時覆求次距及出入行分（求出入行分與日食次汎時虧復行分同法）兩數相較無餘分者即以次汎時為定時若未齊者復求行差刻分損益次汎時遞求之至出入行分與次距齊分而止得太白入日出日定時

出入二限定時與中食定時相減為入日出日各定用

分兩定用相從爲太白食日中積分

日中黑子

食中限大於太白定徑者太白體全入日爲日中黑子

置太白定徑如日晨昏徑而一得黑子分秒

置食日用數內損太白定徑爲黑子用數依太白入日法得太白全入日體定時依太白出日法得太白初出日體定時捷法置太白出日入日時兩定徑各如其時差法而一入日時損出日時益得全入初出定時

全出初入二限定時與中食定時相減各爲定用分兩定用相從爲內限中積與太白食日中積相消爲外限刻分

食中限小於太白定徑者星體不全入日不成黑子止求三限定時入日中食出日是爲三限　太白食日不成黑子者日光盛大入目難見今姑具其理辰星以退定合時依太白法求晨昏定徑得數甚微雖入日體入目難見放不著於篇若欲求之悉依太白食日諸法○一本云依太白法求得辰星較分大於辰星晨昏徑分正弦損盡無餘

太白食日方位

置五限日躔入日全入中食初出出日是爲五限

依日食法得泚向

太白入日準復圓太白出日準初虧各依日食法得次向

向全入同入日法初出同出日法

中食中前依出日法中後依入日法各得次向

置四限定緯正弦太白食日五限去中食爲四限

如兩用數正弦而一太白入日出日各從本時食日用數全入初出各從本時黑子用數爲兩用數

仍爲正弦得差較分用以損益次向太白入日南緯損北緯益太白出日南緯益北緯損全入同入日初出同出日

爲出入定向中食定時以象限損益次向與日食食甚定時相反

爲中食定向

帶食

太白食日在早晩者以太白定緯準月定緯依日食法得帶食分秒亦爲帶食淺深以中食準食甚得帶食內外分以太白入日準初虧出日準復圓依日食法得晝見食夜不見食各刻分

帶食方位

置日出入時中食前者準太白入日中食後者準太白出日求得汎向及次向

以帶食定距準食日用數求得差較分損益次向損益與出入定向法同爲帶食定向

凌犯

主客

月星相犯者星爲主月爲客

經緯兩星相犯者經星爲主緯星爲客

兩緯星相犯者或皆順或皆逆

行遲者爲主行疾者爲客一順一逆者順行者爲主逆行者爲客

次緯

月星南北差損益其黄道緯度視差與午中兩黄道南北異向者相益　午中兩黄道在天中南視差同向者南緯益北緯損不及損者反損南北差餘爲南緯　午中兩黄道在天中北視差同向者北緯益南緯損不及損者反損南北差餘爲北緯　求視差異同兩向法見日食首節注中

爲月星次緯

次距

置月星黄道經度損益其東西差中前益中後損

爲黄道次經

主客兩曜或月星兩曜或兩緯星或一經星一緯星

黃道次經相減得次距

定距

客星次緯較弦因次距較弦仍爲較弦得泚距章內凡稱客星者月離同法

置客星次緯正弦如泚距正弦而一仍爲正弦得客星交黃道分省曰客星交分

泚距與主星次緯兩正弦相因爲先數兩較弦相因爲次數先數因客星交分正弦爲後數次後二數同名相從異名相消兩曜次緯皆南皆北曰同名一南一北曰異名爲較弦得定距

平距

汎距正弦因客星交分較弦爲正弦得平距

定緯

置汎距較弦如平距較弦而一仍爲較弦得緯較分

緯較分與主星次緯同名相消異名相從各爲定緯兩曜次緯南北同者爲同名南北異者爲異名　若主客兩曜次經相同無次距者但以兩次緯同名相消異名相從卽爲定緯亦爲定距　經星無東西南北差卽以其黃道經緯準次經緯求定距定緯

置平距正弦如定距正弦而一仍爲正弦得兩曜交分

定行較分

主客兩曜定行分同名相消異名相從各爲定行較分主客兩曜皆順皆逆爲同名一順一逆爲異名

時差法

置凌犯之日凡凌犯皆用夜刻唯月歲太白三曜相犯兼用晝刻

每間一時求其平距

前後兩時平距相減假如子正平距卽與丑正平距相減餘倣此　若客星次經前時少於主星後時多於主星或前時多於主星後時少於主星者皆以兩平距相從

爲平距較分如時法而一捷法以十二因之

得時差法各以其時命之假如亥正至子正者曰亥正時差法子正至丑正者曰子正時差法餘倣此

定合

主客兩曜黃道經度相減餘如定行較分而一爲加減

前汎差客星黃道經度少於主星者順行爲加差逆行爲減差下倣此　客星黃道經度多於主星者順行爲減差逆行爲加差下倣此

加減用時爲泚合時

置泚合時覆求加減後泚差自因如前泚差而一爲加減較分（加減後泚差與前泚差加減同者爲益較異者爲損較）

用以損益其加減後泚差爲加減定差

置泚合時以加減定差加減之爲兩曜黃道定合時

陰陽秝

主客兩曜次緯異名者客星南爲陽秝客星北爲陰秝（次緯南北異名者不論緯較分大小皆同法）

次緯同名緯較分大於主星次緯者南爲陽秝北爲陰秝

次緯同名緯較分小於主星次緯者南爲陰秝北爲陽

秝

逆順度

黃道定合將客星順行者其東西差大於主星爲順度小於主星爲逆度客星逆行者其東西差小於主星爲順度大於主星爲逆度既有定合順逆度即可推正合有無定合而見正合者客星次經先少於主星後多於主星爲順度先多於主星後少於主星爲逆度

正合前客星次經小於主星者爲順度大於主星者爲逆度正合後客星次經大於主星者爲順度小於主星者爲逆度有無正合而見淩犯者客星次經小於主星初限爲順度終限爲逆度客星次經多於主星初限爲逆度終限爲順度

晨昏徑分

依日月晨昏徑法得五緯星晨昏徑分丙太白晨昏徑已見太白食日章中

經星無數大小絶異其徑分不可勝紀各以所測徑分凖七政晨昏徑用之

正合

置黃道定合時兩曜平距求各曜經緯諸數皆用眞刻分求高度視差諸數及命日命時皆用定刻分後俱倣此　求次經次緯泝距平距定距定緯凡從視差出者皆隨高度視差用定刻分篇內盡同

如時差法而一爲時差前泝分順度中前爲損差中後爲益差逆度中前爲益差中後爲損差　定合時平距大於平距較者內減平距較餘爲實益差進損差退進退一時中其時差法實如法而一爲時差奇分加時法爲時差前泝分　若餘實又多於次時平距較者於內遞減平距較每減一次進退一時中其時差法置減餘爲實如法而一爲時差奇分以時法因遞減次數加奇分得時差前泝分以後凡如時差法而一者皆倣此類推之

損益定合時爲正合前汎時

置前汎時覆求時差次汎分順度客星黃道次經小於主星者爲益差大於主星者爲損差逆度客星黃道次經大於主星者爲益差小於主星者爲損差下倣此

損益前汎時爲正合後汎時

置後汎時覆求時差後汎分自因如次汎分而一爲時差定較與後汎分相加減前次兩汎分損益同者相加異者相減爲時差定分損益後汎時得正合定時

兩曜遲疾相近定合時平距大於定行較分者進退一日依法求之重得正合定時如是屢求之至無正合之日而止

爲比日凌犯已上凡言凌犯者皆與掩食相通

掩食淺深

主客兩曜晨昏徑相從損半爲掩食用數內損定緯爲掩食限不及損者有凌犯無掩食

如主星晨昏徑而一爲掩食分秒

其分秒多寡卽爲掩食淺深諸數皆從正合定時下一節同

凌犯遠近

置日度一度爲法若諸數本用爻策者亦以日度一度通爲爻策爲法

加掩食用數爲凌犯用數視定緯在凌犯用數以下者定緯在凌犯用數以上者無凌犯內損掩食用數餘如法而一得兩曜相距寸分足法數爲尺十分法之一爲寸十分寸之一爲分

其相距寸分多寡卽爲凌犯遠近

客星高定度大於主星曰凌小於主星曰犯以通差損月星高度卽爲高定度凌犯定名皆以初限定時爲準

掩食初終二限

正合定時掩食用數正弦與定緯正弦爲勾弦求股仍爲正弦得掩食行分如時差法而一爲初終二限汎用日刻分掩食行分大於平距較者依時差之術求之捷法進退兩時者間一時求其平距相消曰平距總較爲減法進退三時四時而上至若干日時者皆依此類推之凡進退時日皆以益差爲進損差爲退此獨以初限爲退終限爲進

損益正合定時得初終二限前汎時損爲初限益爲終限以上諸數皆從正合定時

置初終前汎時掩食用數正弦以下諸數各從本時宜借日食及太白食日類

推之

與定緯正弦爲勾弦求股仍爲正弦得初終二限各行分與平距相較爲行差如時差法而一得行差日刻分

初限行分大於平距者爲損差小於平距者爲益差終限行分大於平距者爲益差小於平距者爲損差後皆倣此

損益前汎時爲初終次汎時

置次汎時覆求平距及初終二限行分兩數相齊無餘分者即爲初終定時若未齊者再求行差刻分損益次汎時遞求之至兩數齊分而止得掩食初終二限定時

捷法行差不及十分刻之一者即以損益其汎時得定時

初終二限定時各與正合定時相減爲定用分兩定用

相從得掩食中積日刻分

凌犯初終二限

置凌犯諸數依掩食初限法得凌犯初限定時依掩食終限法得凌犯終限定時

凌犯初終二限定時與正合定時相消爲初終二限各定用分兩定用相從得凌犯中積日刻分

掩食凌犯方位

順度主星準日躔客星準月離依日食法得汎向及次向逆度主星準日躔客星準太白依太白食日法得汎向及次向正合先定合者依初限法後定合者依終限法各得次向

四限兩曜交分凌犯初終二限掩食初終二限爲四限

各與象限爲較得差較分損益次向爲初終定向經順度緯陽秝初限益終限損緯陰秝初限損終限益經逆度緯陽秝初限損終限益緯陰秝初限益終限損

正合以象限損益次向爲掩食凌犯定向其損益視正合定時先定合者依初限法後定合者依終限法月星相犯視終初二限定向不及半周者益半周過半周者內損半周初限爲星入月定向終限爲星出月定向

轉時變差

用時次經與本時前後次經各相較如用時在子初以其次經前與亥正次經相減後與子正次經相減餘倣此

大小同名者兩次經或皆大於用時次經或皆小於用時次經

卽爲轉時每間一刻求其平距至損益之交漸增復減漸減復增

之際

卽爲轉刻

置轉刻與前後時相較爲法（如子初三刻與前時亥正相較得六刻又六分刻之一爲法與後時子正相較得二刻又六分刻之一爲法餘倣此）

轉刻平距與前後時平距相較爲轉時較如法而一名爲轉時變差之（用時在轉時者以轉時變差代時差法用時在轉刻前者用轉刻前變差在轉刻後者用轉刻後變差）

重合

正合後不及終限行差復大於先（掩食凌犯行分大於平距而後刻分行差復大於先刻分行差）

及合前合後主客次經大小同名者（客星次經合前大於主星合後亦大）

合前小於主星合後亦小是爲同名皆有重合

行差復大者以先得行差半之爲較法以汎用加正合時求得行差爲先得行差前後次經大小同名者置平距如時差法而一與汎用相從半之爲較法較法損汎用加正合定時爲轉際前汎時

四分較法之一曰節率進退轉際前汎時爲先後二節各求其行差又求前汎時行差減之若先節在正合前其行差與前汎時行差相加後節次經與前汎時異名者兩行差亦相加爲行差較兩較相從爲法相消因節率爲實實如法而

一爲損益差先節行差小於後節爲損差大於後節爲益差若兩行差相加爲較者反是一加一減者先節加爲損差後節加爲益差

損益前汎時爲轉際次汎時

四分節率之一爲次汎時節率進退次汎時爲前後二

節依前汎時法得損益差自因如前汎時損益差而一

與次汎時損益差相加減兩差損益同名爲加異名爲減

爲損益定差損益次汎時爲轉際定時

以掩食轉際定時兩曜定距減用數餘爲轉際食限如

用數而一爲掩食淺深分秒

置凌犯轉際定時兩曜定距如法數而一得凌犯遠近

寸分

置轉際定時內減正合定時爲轉前定用刻分以加轉際定時得重合前汎時依正合法順度改逆逆度改順下倣此得重合定時仍與轉際定時相減得轉後定用依正合後終限法得重合後終限定時內減重合定時得終限定用刻分初終二限定時相減得掩食淩犯中積刻分

有犯無合

無正合時而兩曜定距小於用數者爲有犯無合用時後行差漸多者其用時在轉際前漸少者其用時在轉際後以用時行差刻分損益用時轉際前損轉際後益爲初限或終限前汎時損爲初限益爲終限

依法求之得定時爲先得定時

置先得定時掩食凌犯行分或初限定時或終限定時如時差法而一爲汎用加減先得定時求行差刻分損半爲較法較法減汎用餘以損益先得定時終限以損初限以益爲轉際前汎時依前節法得轉際定時與先得初終定時相減爲初終定用

依前節法得掩食淺深分秒凌犯遠近寸分

置轉際定時損益先得定用先得初限者此益轉際爲終限先得終限者此損轉際爲初限爲初限或終限前汎時復依前法求之順度改逆逆度改順得定時爲後得定時

與轉際定時相減爲後得初終定用先後兩定用相從爲掩食夌犯中積刻分

升降

掩食夌犯在升降之際者以月星赤道升降度與日躔赤道升降度相減爲升降較

置升降較如赤道離日日周而一爲升降先刻分損益日出入時爲月星升降前汎時（月星升降赤道過於日躔者益小於日躔者損下倣此）

置前汎時眞刻分覆求升降次刻分損益日出入時爲後汎時復置其眞刻分求升降後刻分次後兩刻分之較自因如次刻分而一加減後刻分（次刻分大於先刻分者加小於先刻

分者減

為進退定分進退日出入時得月星升降定時凡掩食凌犯皆從先降後升一曜求升降時唯月星相掩從月離求升降時

以掩食升降定時兩曜定距損用數餘為升降時掩食限不及損者升降時無掩食

如用數而一得升降時掩食分秒

置凌犯升降定時兩曜定距如法數而一得凌犯相距寸分定距大於凌犯用數者升降時無凌犯

升降定時與初終二限定時相減為掩食凌犯內外刻分升定時與終限定時相減降定時與初限定時相減各得掩食凌犯當見刻分卽為掩食凌犯外分以減掩食凌犯中積得不見刻分卽為掩食凌犯內分

置升降定時依法求得定向即爲升降時掩食凌犯方位

昏旦隱見

掩食凌犯在早晚者以昏明中界爲隱見時諸星大小不齊隱見先後亦不等不勝悉辦今但以昏明中界爲中數　月歲太白不在此限

以隱見時準升降定時依前節諸法得隱見時掩食淺深凌犯遠近及方位內外刻分

交會辰次

赤道宿度

置三辰交會諸限赤道經度日月星曰三辰　日月食皆曰交會今以太白入日及凌犯掩食附之　日月食食甚初虧復圓食既生光合環分環七限太白食日食中入日出日全入初出五

限掩食淩犯各正合初終、轉際重合五限

以近少赤道宿積損之得各曜躔離赤道宿次度分

黃道宿度

置三辰交會諸限黃道經度以近少黃道宿積減之得各曜躔離黃道宿次度分

又置各曜赤道上黃道積度以赤道上黃道宿積近少者損之得各曜躔離赤道上黃道宿次度分

辰次

各曜躔離宿次所在宮舍卽爲躔離辰次若一宿兩辰者視躔離宿次度分在宮界以下爲前辰以上爲次辰

秝法六終

秝法表目次　　　　曉菴遺書之二

黄道積度宿次鈐　　黄道各宿度分
算黄道十二宫次宿度鈐　　定日鈐
定時刻鈐　　日食南北里差立成

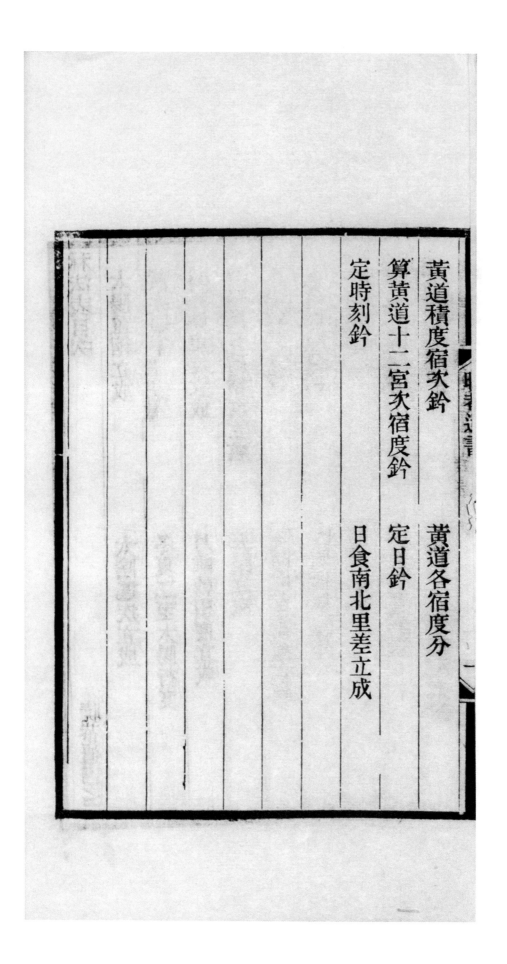

太陽盈縮立成

盈初縮末限

積日	加分	積度
初日	五分一〇八五六九	空
一日	五分〇五九一八三	五分一〇八五六九
二日	五分〇〇九六一一	一十〇分一六七七五二
三日	四分九五九八五三	一十五分一七七三六三
四日	四分九〇九九〇九	二十〇分一三七二一六
五日	四分八五九七七九	二十五分〇四七一二五
六日	四分八〇九四六三	二十九分九〇六九〇四

七日	四分七五八九六一	三十四分七一六三六七
八日	四分七〇八二七三	三十九分四七五三二八
九日	四分六五七三九九	四十四分一八三六〇一
一十日	四分六〇六三三九	四十八分八四一
十一日	四分五五五〇九三	五十三分四四七三三九
十二日	四分五〇三六六一	五十八分〇〇二四三二
十三日	四分四五二〇四三	六十二分五〇六〇九三
十四日	四分四〇〇二三九	六十六分九五八一三六
十五日	四分三四八二四九	七十一分三五八三七五
十六日	四分二九六〇七三	七十五分七〇六六二四

十七日	四分二四三七一一	八十〇分〇〇二六九七
十八日	四分一九一一六三	八十四分二四六四〇八
十九日	四分一三八四二九	八十八分四三七五七一
二十日	四分〇八五五〇九	九十二分五七六
二十一日	四分〇三二四〇三	九十六分六六一五〇九
二十二日	三分九七九一一	一度〇〇分六九三九一二
二十三日	三分九二五六三三	一度〇四分六七三〇二三
二十四日	三分八七一九六九	一度〇八分五九八六五六
二十五日	三分八一八一一九	一度一十二分四七〇六二五
二十六日	三分八六四〇八三	一度一十六分二八八七四四

二十七日	三分七〇九八六一	一度二十〇分〇五二八二七
二十八日	三分六五五四五三	一度二十三分七六二二六八八
二十九日	三分六〇〇八五九	一度二十七分四一八一四一
三十日	三分五四六〇七九	一度三十一分〇一九
三十一日	三分四九一一一三	一度三十四分五六五〇七九
三十二日	三分四三五九六一	一度三十八分〇五六一九二
三十三日	三分三八〇六二三	一度四十一分四九二一五三
三十四日	三分三二五〇九九	一度四十四分八七二七七六
三十五日	三分二六九三八九	一度四十八分一九七八七五
三十六日	三分二一三四九三	一度五十一分四六七二六四

三十七日	三分一五七四一一	一度五十四分六八〇七五七
三十八日	三分一〇一一四三	一度五十七分八三八一六八
三十九日	三分〇四四六八九	一度六十〇分九三九三一一
四十日	二分九八八〇四九	一度六十三分九八四
四十一日	二分九三一二三三	一度六十六分九七二四九
四十二日	二分八七四二一一	一度六十九分九〇三二七二
四十三日	二分八一七〇一三	一度七十二分七七四八三
四十四日	二分七五九六二九	一度七十五分五九四四九六
四十五日	二分七〇二〇五九	一度七十八分三五四一二五
四十六日	二分六四四三〇三	一度八十一分〇五六一八四

四十七日	二分五八六三六一	一度八十三分七○○四八七
四十八日	二分五二八二三三	一度八十六分二八六八四八
四十九日	二分四六九九一九	一度八十八分八一五○八一
五十日	二分四一一四一九	一度九十一分二八五○○○
五十一日	二分三五二七三三	一度九十三分六九六四一九
五十二日	二分二九三八六一	一度九十六分四九一二五
五十三日	二分二三四八○三	一度九十八分三四三一三
五十四日	二分一七五五九	二度○○分五七七一六
五十五日	二分一一六二九	二度○二分七五三三七五
五十六日	二分○五六五一三	二度○四分六八九五四

五十七日	一分九九六七一一	二度○六分九二六○一七
五十八日	一分九三六七二三	二度○八分九二三二七二八
五十九日	一分八七六五四九	二度一十○分八五九四五一
六十日	一分八一六一八九	二度一十二分七三六
六十一日	一分七五五六四三	二度一十四分五五二一八九
六十二日	一分六九四九一一	二度一十六分三○七八三二
六十三日	一分六三三九九三	二度一十八分○○二七四三
六十四日	一分五七二八八九	二度一十九分六三六七三六
六十五日	一分五一一五九九	二度二十一分二○九六二五
六十六日	一分四五○一二三	二度二十二分七二一二二四

六十七日	一分三八八四六一	二度二十四分一七一三四七
六十八日	一分三二六六一三	二度二十五分五五九八○八
六十九日	一分二六四五七九	二度二十六分八八六四二一
七十日	一分二○二三五九	二度二十八分一五一
七十一日	一分一三九九五三	二度二十九分三五三三五九
七十二日	一分○七七三六一	二度三十分四九三三一二
七十三日	一分○一四五八三	二度三十一分五七○六七三
七十四日	九十五秒一六一九	二度三十二分五八五二五六
七十五日	八十八秒八四六九	二度三十三分五三六八七五
七十六日	八十二秒五一三三	二度三十四分四二五二四四

七十七日	七十六秒一六一一	二度三十五分二五〇四七七
七十八日	六十九秒七九〇三	二度三十六分〇一二〇八八
七十九日	六十三秒四〇〇九	二度三十六分七〇九九九一
八十日	五十六秒九九二九	二度三十七分三四四
八十一日	五十〇秒五六六三	二度三十七分九一三九二九
八十二日	四十四秒一二一一	二度三十八分四一九五九二
八十三日	三十七秒六五七三	二度三十八分八六〇八〇三
八十四日	三十一秒一七四九	二度三十九分二三七三七六
八十五日	二十四秒六七三九	二度三十九分五四九一二五
八十六日	一十八秒一五四三	二度三十九分七九五八六四

八十七日	一十秒六一六一	二度三十九分九七七四○七
八十八日	五秒○五九三	二度四十○分○九三五六八

縮初盈末限

積日	加分	積度
初日	四分八四八四七三	空
一日	四分八○四一一一	四分八四八四七三
二日	四分七五九五八七	九分六五二五八四
三日	四分七一四九○一	一十四分四一二七一
四日	四分六七○○五三	一十九分一二七○七一
五日	四分六二五○四三	二十三分七九七一二五

六日	四分五七九八七一	二十八分四二三一六八
七日	四分五三四五三七	三十三分〇〇二〇三九
八日	四分四八九〇四一	三十七分五三六五七八
九日	四分四四三三八三	四十二分〇二五六一七
十日	四分三九七五六三	四十六分四六九
十一日	四分三五一五八一	五十〇分八六六五六三
十二日	四分三〇五四三七	五十五分二一八一四四
十三日	四分二五九一三一	五十九分五二三五八一
十四日	四分二一二六六三	六十三分七八二七一二
十五日	四分一六六〇三三	六十七分九九五三七五

十六日	四分一一九二四一	七十二分一六一四〇八
十七日	四分〇七二二八七	七十六分二八〇六四九
十八日	四分〇二五一七一	八十〇分三五二九三六
十九日	三分九七七八九三	八十四分三七八一〇七
二十日	三分九三〇四五三	八十八分三五六
二十一日	三分八八二八五一	八十二分二八六四五三
二十二日	三分八三五〇八七	九十六分一六九三〇四
二十三日	三分七八七一六一	一度〇〇分〇〇四三九一
二十四日	三分七三九〇七三	一度〇三分七九一五五二
二十五日	三分六九〇八二三	一度〇七分五三〇六二五

二十六日	三分六四二四一一	一度一十一分二二一四四八
二十七日	三分五九三八三七	一度一十四分八六三八五九
二十八日	三分五四五一〇一	一度一十八分四五七六九六
二十九日	三分四九六二〇三	一度二十二分〇〇二七九七
三十日	三分四四七一四三	一度二十五分四九九
三十一日	三分三九七九二一	一度二十八分九四六一四三
三十二日	三分三四八五三七	一度三十二分三四四〇六四
三十三日	三分二九八九九一	一度三十五分六九二六〇一
三十四日	三分一四九二八三	一度三十八分九九一五九二
三十五日	三分一九九四一三	一度四十二分二四〇八七五

三十六日	三分一四九三八一	一度四十五分四四〇二八八
三十七日	三分〇九九一八七	一度四十八分五八九六六九
三十八日	三分〇四八八三一	一度五十一分六八八八五六
三十九日	二分九九八三一三	一度五十四分七三七六八七
四十日	二分九四七六三三	一度五十七分七三六
四十一日	二分八九六七九一	一度六十〇分六八三六三三
四十二日	二分八四五七八七	一度六十三分五八〇四二四
四十三日	二分七九四六二一	一度六十六分四二六二一一
四十四日	二分七四三二九三	一度六十九分二二〇八三二
四十五日	二分六九一八〇三	一度七十一分九六四一二五

四十六日	二分六四〇一五一	一度七十四分六五五九二八
四十七日	二分五八八三三七	一度七十八分二九六〇七九
四十八日	二分五三六三六一	一度七十九分八八四四一六
四十九日	二分四八四二二三	一度八十二分四二〇七七七
五十日	二分四三一九二三	一度八十四分九〇五
五十一日	二分三七九四六一	一度八十七分三三六九二三
五十二日	二分三二六八三七	一度八十九分七一六三八四
五十三日	二分二七四〇五一	一度九十二分〇四三二二一
五十四日	二分二二一一〇三	一度九十四分三一七二七二
五十五日	二分一六七九九三	一度九十六分五三八三七五

五十六日	二分一一四七二一	一度九十八分七○六三六八
五十七日	二分○六一二八七	二度○○分八二一○八九
五十八日	二分○○七六九一	二度○二分八八二三七六
五十九日	一分九五三九三三	二度○四分八九○○六七
六十日	一分九○○○一三	二度○六分八四四四
六十一日	一分八四五九三一	二度○八分七四四○一三
六十二日	一分七九一六八七	二度一十○分五八九九四四
六十三日	一分七三七二八一	二度一十二分三八一六三一
六十四日	一分六八二七一三	二度一十四分一一八九一二
六十五日	一分六二七九八三	二度一十五分八○一六二五

六十六日	一分五七三〇九一	二度二十七分二四九六〇八
六十七日	一分五一八〇三七	二度二十九分〇〇二六九九
六十八日	一分四六二八二一	二度二十〇分五二〇七三六
六十九日	一分四〇七四四三	二度二十一分九八三五五七
七十日	一分三五一九〇三	二度二十三分三九一
七十一日	一分二九六二〇一	二度二十四分七四二九〇三
七十二日	一分二四〇三三七	二度二十六分〇三九一〇四
七十三日	一分一八四三一一	二度二十七分二七九四四一
七十四日	一分一二八一二三	二度二十八分四六二七九二
七十五日	一分〇七一七七三	二度二十九分五九一八七五

七十六日	一分〇一五二六一	二度三十〇分六六三六四八
七十七日	九十五秒八五八七	二度三十一分六七八九〇九
七十八日	九十〇秒一七五一	二度三十二分六三七四九六
七十九日	八十四秒四七五三	二度三十三分五三九二四七
八十日	七十八秒七五九三	二度三十四分三八四
八十一日	七十三秒〇二七一	二度三十五分一七一五九三
八十二日	六十七秒二七八七	二度三十五分九〇一八六四
八十三日	六十一秒五一四一	二度三十六分三七四六五一
八十四日	五十五秒七三三三	二度三十六分一八九七九二
八十五日	四十九秒九三六三	二度三十七分七四七一二五

八十六日	四十四秒一二三一	二度三十八分二四六四八八
八十七日	三十八秒二九三七	二度三十八分六八七七一九
八十八日	三十二秒四四八一	二度三十九分〇七〇六五六
八十九日	二十六秒五八六三	二度三十九分三九五一三七
九十日	二十〇秒七〇八三	二度三十九分六六一
九十一日	一十四秒八一四一	二度三十九分八六八〇八三
九十二日	八秒九〇三七	二度四十〇分〇一六二二四
九十三日	二秒九七七一	二度四十〇分一〇五二六

其盈初縮末者置立差三十一以初末限乘之加平差二萬四千六百又以初末限乘之用減定差五百一十三萬三千二百

餘再以初末限乘之足億爲度不足退除爲分秒　縮初盈末
者置立差二十七以初末限乘之加平差二萬二千一百又以
初末限乘之用減定差四百八十七萬〇千六百餘再以初末
限乘之足億爲度不足退除爲分秒卽所求盈縮差
損益法以平差倍之不動用立差六因之屢加卽得

太陰遲疾立成

損益限

限度	遲疾日率分	損益捷法	損益分	遲疾度
初限	空	一秒三五一四一	益二十一分○八一五七五	空
一限	○日○八二○	一秒三四四三二	一十一分○二三四二五	○度一一○八一五七五
二限	○日一六四○	一秒三三六九九○	一十一分九六三三二五	○度二二一○五○○○
三限	○日二四六○	一秒三二九四二	一十分九○一二七五	○度三三○六八三二五
四限	○日三二八○	一秒三二一六一	一十分八三七二七五	○度四三九六九六○○
五限	○日四一○○	一秒三一三五七	一十分七七一二二五	○度五四八○六八七五
六限	○日四九二○	一秒三○五二九	一十分七○三四三五	○度六五五七八二○○

七限	○日五七四○	一秒二九六七七	益十一分六三三五七五	○度七六二八一六二五
八限	○日六五六○	一秒二八八○二	一十分五六一七七五	○度八六九二五二○○
九限	○日七三八○	一秒二七九○二	一十分四八八○二五	○度九七四七六九七五
十限	○日八二○○	一秒二六九七九	一十分四二二三二五	一度○七九六五○○○
十一限	○日九○二○	一秒二六○三二	一十分三三四六七五	一度一八三七七三二五
十二限	○日九八四○	一秒二五○六一	一十分二五五○七五	一度二八七一二○○○
十三限	一日○六六一	一秒二四○六七	一十分一七三五二五	一度三八九六七○七五
十四限	一日一四八一	一秒二三○四九	一十分○九○○二五	一度四九一四○六○○
十五限	一日二三○一	一秒二二○○七	一十分○○四五七五	一度五九二三○六二五
十六限	一日三一二一	一秒二○九四一	九分九一七一七五	一度六九二三五二○○

十七限	一日 三九 四一	一秒 一九八 五一	九分 八二七 八二五	一度 七九一五 二三七五
十八限	一日 四七 六一	一秒 一八七 三八	九分 七三六 五二五	一度 八八九八 〇二〇〇
十九限	一日 五五 八一	一秒 一七六 〇〇	九分 六四三 二七五	一度 九八七一 六七二五
二十限	一日 六四 〇一	一秒 一六四 三九	九分 五四八 〇七五	二度 〇八三六 〇〇〇〇
二十一限	一日 七二 二一	一秒 一五二 五五	九分 四五〇 九二五	二度 一七九〇 八〇七五
二十二限	一日 八〇 四一	一秒 一四〇 四六	九分 三五一 八二五	二度 二七三五 九〇〇〇
二十三限	一日 八八 六一	一秒 一二八 一四	九分 二五〇 七七五	二度 三六七一 〇八二五
二十四限	一日 九六 八一	一秒 一一五 五八	九分 一四七 七七五	二度 四五九六 一六〇〇
二十五限	二日 〇五 〇二	一秒 一〇二 七八	九分 〇四二 八二五	二度 五五一〇 九三七五
二十六限	二日 一三 二二	一秒 〇八九 七四	八分 九三五 九二五	二度 六四一五 二二〇〇

二十七限	二日二一四二	一秒○七六四七益	八分八二七○七五	二度七三○八八一二五
二十八限	二日二九六二	一秒○六二九六	八分七一六二七五	二度八一九一五二○○
二十九限	二日三七八二	一秒○四九二一	八分六○三五二五	二度九○六三一四七五
三十限	二日四六○二	一秒○三五二二	八分四八八八二五	二度九九二三五○○○
三十一限	二日五四一二	一秒○二○九九	八分三七二一七五	三度○七七二三八二五
三十二限	二日六二四二	一秒○○六五三	八分二五三五七五	三度一六○九六○○○
三十三限	二日七○六二	○秒九九一八三	八分一三三○二五	三度二四三四九五七五
三十四限	二日七八八二	○秒九七六八九	八分○一○五二五	三度三一四八二六○○
三十五限	二日八七○二	○秒九六一七一	七分八八六○七五	三度四○四九三一二五
三十六限	二日九五二二	○秒九四六三○	七分七五九六七五	三度四八三七九二○○

三十七限	三十八限	三十九限	四十限	四十一限	四十二限	四十三限	四十四限	四十五限	四十六限
三日〇三四二	三日一一六三	三日一九八三	三日二八〇三	三日三六二三	三日四四四五	三日五二六三	三日六〇八三	三日六九〇三	三日七七一三
〇秒九三〇六四	〇秒九一四七五	〇秒八九八六三	〇秒八八二二六	〇秒八六五六六	〇秒八四八八二	〇秒八三一七四	〇秒八一四四二	〇秒七九六八六	〇秒七七九〇七
七分六三一三二五	七分五〇一〇二五	七分三六八七七五	七分二三四五七五	七分〇九八四二五	六分九六〇三二五	六分八二〇二七五	六分六七八二七五	六分五三四三二五	六分三八八四二五
三度五六一三八八七五	三度六三七七〇二〇〇	三度七一二七一二二五	三度七八六四〇〇〇〇	三度八五八七四五七五	三度九二九七三〇〇〇	三度九九九三三三二五	四度〇六七五三六〇〇	四度一三四三一八七五	四度一九五六六二〇〇

四十七限	三日八五四三	○秒七六一○四	益六分二四○五七五	四度二六三五四六二五
四十八限	三日九三六三	○秒七四三七七	六分○九○七七五	四度三二五九五二○○
四十九限	四日○一八三	○秒七二四二七	五分九三九○二五	四度三八六八五九七五
五十限	四日一○○四	○秒七○五五二	五分七八五三二五	四度四四六二五○○○
五十一限	四日一八二四	○秒六八六五四	五分六二九六七五	四度五○四一○三二五
五十二限	四日二六四四	○秒六六七三二	五分四七二○七五	四度五六○四○○○○
五十三限	四日三四六四	○秒六四七八六	五分三一二五二五	四度六一五一二○七五
五十四限	四日四二八四	○秒六二八一七	五分一五一○二五	四度六六八二四六○○
五十五限	四日五一○四	○秒六○八一四	四分九八七五八七	四度七一九七五六二五
五十六限	四日五九二四	○秒五八八○七	四分八二三一七五	四度七六九六三二○○

五十七限	四日六七四四	○秒五六七六六	四分六五四八二五	四度八一七八五三七五
五十八限	四日七五六四	○秒五四七○一	四分四八五五二五	四度八六四四○二○四
五十九限	四日八二八四	○秒五二六一三	四分三一四二七五	四度九○九二五七二五
六十限	四日九三○四	○秒五○五○○	四分一四一○七五	四度九五二四○○○○
六十一限	五日○○二四	○秒四八三六四	三分九六五九二五	四度九九三八一○七五
六十二限	五日○八四四	○秒四六二○五	三分七八八八二五	五度○三三四七○○○
六十三限	五日一六六五	○秒四四○二一	三分六○九七七五	五度○七一一五八二五
六十四限	五日二四八五	○秒四一八一四	三分四二八七七五	五度一○七四五六○○
六十五限	五日三三○五	○秒三九五八三	三分二四五八二五	五度一四一七四三七五
六十六限	五日四一二五	○秒三七三二八	三分○六○九二五	五度一七四二○二○○

六十七限	五日四九四五	〇秒三五〇四九	益二分八七四〇七五	五度二〇四八一一二五
六十八限	五日五七六五	〇秒三二七四七	二分六八五二七五	五度二三二五五二〇〇
六十九限	五日六五八五	〇秒三〇四二一	二分四九四三二五	五度二六〇四〇四七五
七十限	五日八五七四	〇秒二八〇七一	二分三一〇八二五	五度二八五二五〇〇〇
七十一限	五日八二二五	〇秒二五六九七	二分一〇七一七五	五度三〇八三六八二五
七十二限	五日九〇四五	〇秒二三二九九	一分九一〇五七五	五度三二九四四〇〇〇
七十三限	五日九八六五	〇秒二〇八七八	一分七一二〇二五	五度二四八五四五七五
七十四限	六日〇六八五	〇秒一八四三三	一分五一一五二五	五度三六五六六六〇〇
七十五限	六日一五〇六	〇秒一五九六四	一分三〇九〇七五	五度三八〇七八一二五
七十六限	六日二三二六	〇秒一三四七一	一分一〇四六七五	五度三九三八七二〇〇

七十七限	六日三一四六	○秒一○九五五	八十九秒八三二五	五度四○四九一八七五
七十八限	六日三九六六	○秒○八四一四	六十九秒○○二五	五度四一三九○二○○
七十九限	六日四七八六	○秒○五八五○	四十七秒九七七五	五度四二○八○二二五
八十限	六日五六○六	○秒○三二六三	二十六秒七五七五	五度四二五六○○○○
八十一限	六日六二六	○秒○○六五一	五秒三四二五	五度四二八二七九七五
八十二限	六日七二四六	○秒○○四三四	三秒五六一六	五度四二八八一○○○
八十三限	六日八○六六	○秒○○二一七	益一秒七八○八	五度四二九一六六一六
八十四限	六日八八八六	○秒○○二一七	損一秒七八○八	五度四二九三四四二四
八十五限	六日九七○六	○秒○○四三四	三秒五六一六	五度四二九一六六一六
八十六限	七日○五二六	○秒○○六五一	五秒三四二五	五度四二八八一○○○

八十七限	七日 一三 四六	〇秒 〇三二 六三	損二十六秒 七五 七五	五度 四二八二 七五七五
八十八限	七日 二二 六七	〇秒 〇五八 五〇	四十七秒 九七 七五	五度 四二五六 〇〇〇〇
八十九限	七日 二九 八七	〇秒 〇八四 一四	六十九秒 〇〇 二五	五度 四二〇八 〇二二五
九十限	七日 三八 〇七	〇秒 一〇九 五三	八十九秒 八三 二五	五度 四一三九 〇二〇〇
九十一限	七日 四六 二七	〇秒 一三四 七一	一分 一〇四 六七五	五度 四〇四九 一八七五
九十二限	七日 五四 四七	〇秒 一五九 六四	一分 三〇九 〇七五	五度 三九三八 七二〇〇
九十三限	七日 六二 六七	〇秒 一八四 三三	一分 五一一 五二五	五度 三八〇七 八一二五
九十四限	七日 七〇 八七	〇秒 二〇八 七八	一分 七一二 〇二五	五度 二六五六 六六〇〇
九十五限	七日 七九 〇七	〇秒 二三二 九九	一分 九一〇 六七五	五度 三四八五 四五七五
九十六限	七日 八七 二七	〇秒 二五六 九七	二分 一〇七 一七五	五度 三二九四 四〇〇〇

九十七限	七日九五四七	○秒二八○七一	二分三○一八二五	五度三○八三六八二五
九十八限	八日○三六七	○秒三○四二一	二分四九四五二五	五度二八五三五○○○
九十九限	八日一一八七	○秒三一七四七	二分六八五一七五	五度二六○四○四七五
一百限	八日二○○八	○秒三五○四九	二分八七四○七五	五度二三三五五二○○
一百一限	八日二八二八	○秒三七三二八	三分○六○九二五	五度二○四八一一二五
一百二限	八日三六四八	○秒三九五八三	三分二四五八二五	五度一七四二○二○○
一百三限	八日四四六八	○秒四一八一四	三分四二八七七五	五度一四一七四三七五
一百四限	八日五二八八	○秒四四○二二	三分六○九七七五	五度一○七四五六○○
一百五限	八日六一○八	○秒四六二○五	三分七八八八二五	五度○七一三五八二五
一百六限	八日六九二八	○秒四八三六四	三分五六五九二五	五度○三二四七○○○

一百七限	八日七七四八	○秒五○五○○ 損	四分一四一○七五	四度九九三八一○七五
一百八限	八日八五六八	○秒二六一三	四分三一四二七五	四度九五二四○○○○
一百九限	八日九三八八	○秒五四七○一	四分四八五五二五	四度九○九二五七二五
一百十限	九日○二○八	○秒五六七六六	四分六五四八二五	四度八六四四○二○○
百十一限	九日一○二八	○秒五八八○七	四分八二二一七五	四度八一七八五三七五
百十二限	九日一八四八	○秒六○八二四	四分九八七五七五	四度七六九六三二○○
百十三限	九日二六六九	○秒六二八一七	五分一五一○二五	四度七一九七五六二五
百十四限	九日三四八九	○秒六四七八六	五分三一二五二五	四度六六八二四六○○
百十五限	九日三四○九	○秒六六七三二	五分四七二○七五	四度六一五一二○七五
百十六限	九日五一二九	○秒六八六五四	五分六二九六七五	四度五六○四○○○○

百十七限	九日五九四九	○秒七○五五二	五分七八五三二五	四度五○四一○三二五
百十八限	九日六七六九	○秒七二四二七	五分九三九○二五	四度四四六二五○○○
百十九限	九日七五八九	○秒七四一七七	六分○九○七七五	四度三八六八五九七五
百二十限	九日八四○九	○秒七六一○四	六分二四○五七五	四度三二五九五二
百二十一限	九日九二二九	○秒七七九○七	六分三八八四二五	四度二六三五四六二五
百二十二限	十日○○四九	○秒七九六八六	六分五三四三二五	四度一九九六六二
百二十三限	十日○八六九	○秒八一四四二	六分六七八二七五	四度一三四二一八七五
百二十四限	十日一六八九	○秒八三一七四	六分八二○二七五	四度○六七五三六
百二十五限	十日二五一○	○秒八四八八二	六分九六○三二五	三度九九九三三三二五
百二十六限	十日三三三○	○秒八六五六六	七分○九八四二五	三度九二九七三

百二十七限	十日四一五	○秒八八二二六	損七分二三四五七五	三度八五八七四五七五
百二十八限	十日四九七	○秒八九八六三	七分三六八七七五	三度七八六四○○○○
百二十九限	十日五七九	○秒九一四七五	七分五○一○二五	三度七一二七一二二五
百三十限	十日六六一	○秒七三六四	七分六三一三二五	三度六三七七○二
百三十一限	十日七四三	○秒九四六三	七分七五九六七五	三度五六一三八八七五
百三十二限	十日八二五	○秒九六一七一	七分八八六○七五	三度四八三七九二○○
百三十三限	十日九○七	○秒九七六八九	損八分○一○五二五	三度四○四九三一二五
百三十四限	十日九八九	○秒九九一八三	八分一三三○二五	三度三二四八二六○○
百三十五限	十一日○九一	一秒○○六五三	八分二五三五七五	三度二四三四九五七五
百三十六限	十一日一五三	一秒○二○九九	八分三七二一七五	三度一六○九六

百三十七限	十一日 二三 五	一秒 ○三五 二二	八分 四八八 八二五	三度 ○七七二 三八二五
百三十八限	十一日 三一 七一	一秒 ○四九 二一	八分 六○三 五二五	二度 九九二三 五
百三十九限	十一日 三九 九一	一秒 ○六二一 九六	八分 七一六 二七五	二度 九○六三 一四七五
百四十限	十一日 四八 一一	一秒 ○七六 四七	八分 八二七 ○七五	二度 八一九一 五二
百四十一限	十一日 五六 三一	一秒 ○八九 七四	八分 九三五 九二五	二度 七三○八 八一二五
百四十二限	十一日 六四 五一	一秒 一○二 七八	九分 ○二四 八二五	二度 六四一五 二二
百四十三限	十一日 七二 七一	一秒 一一五 五八	九分 一四七 七七五	二度 五五一○ 九三七五
百四十四限	十一日 八○ 九一	一秒 一二八 一四	九分 二五○ 七七五	二度 四五九六 一六
百四十五限	十一日 八九 一一	一秒 一四○ 四六	九分 三五一 八二五	二度 三六七一 ○八二五
百四十六限	十一日 九七 三一	一秒 一五二 五五	九分 四五○ 九二五	二度 二七三五 九○○○

百四十七限	十二日○五五一	一秒一六四三九	損九分五四八○七五	二度一七九○八○七五
百四十八限	十二日一三七一	一秒一七六○○○	九分六四三二七五	二度○八三六○○○○
百四十九限	十二日二一九一	一秒一八七三八	九分七三六五二五	一度九八七一六七二五
百五十限	十二日五○一二	一秒一九八五一	九分八二七八二五	一度八八九八○二○○
百五十一限	十二日三八二二	一秒二○九一四	九分九一七一七五	一度七九一五二三七五
百五十二限	十二日四六五二	一秒二二○○七	十○分○○四五七五	一度六九二三五三
百五十三限	十二日五四七二	一秒二三○四九	十○分○九○○二五	一度五三二三○六二五
百五十四限	十二日六二九二	一秒二四○六七	十分一七三五二五	一度四九一四○六
百五十五限	十二日七一一二	一秒二五○六一	十分二五五○七五	一度三八九六七○七五
百五十六限	十二日七九三二	一秒二六○三二	十分三三四六七五	一度二八七一二一

百五十七限	十二日 八七 五二	一秒 二六九 七九	十分 四一二 三二五	一度 一八三七 七三二五
百五十八限	十二日 九五 七二	一秒 一七九 ○二	十分 四八八 ○二五	一度 ○七九六 五○○○
百五十九限	十三日 ○三 九二	一秒 二八八 ○二	十分 五六一 七七五	九十七分 四七六 九七五
百六十限	十三日 一二 一二	一秒 二九六 七七	十分 六三三 五七五	八十六分 九一五 二
百六十一限	十三日 二○ 三二	一秒 三○五 二九	十分 七○三 四二五	七十六分 二八一 六二五
百六十二限	十三日 二八 五二	一秒 三一三 五七	十分 七七一 三二五	六十五分 五七八 二
百六十三限	十三日 三六 七三	一秒 三二一 六一	十分 八三七 二七五	五十四分 八○六 八七五
百六十四限	十三日 四四 九三	一秒 三二九 四二	十分 九○一 二七五	四十三分 九六九 六○○
百六十五限	十三日 五三 一三	一秒 三三六 九九	十分 九六三 二二五	三十三分 ○六八 三二五
百六十六限	十三日 六一 三三	一秒 三四四 三二	十分 ○二三 四二五	二十二分 一○五 ○○○

百六十七限	十三日六九五三	一秒三五一四一	損十一分〇八一五七五	一十一分〇八一五七五
百六十八限	十三日七七七三	空	空	空

右遲疾積度相減爲損益損益以日率而一爲捷法

遲疾限行度

限行度	疾秝行度	疾秝捷法	遲秝行度	遲秝捷法
初限	一度一〇七一	六微七九三一四	〇度九八五五	八微三二〇六四
一限	一度二〇六五	六微七九六五一	〇度九八六一	八微三一五五八
二限	一度二〇五九	六微七九九九〇	〇度九八六七	八微三一〇五三
三限	一度一〇五三	六微八〇三二八	〇度九八七三	八微三〇五四七
四限	一度二〇四七	六微八〇六六七	〇度九八七九	八微三〇〇四三

五限	一度二○四	六微八一○六三	○度九八八六	八微二九四五五
六限	一度二○三三	六微八一四五九	○度九八九三	八微二八八六八
七限	一度二○二六	六微八一八五五	○度九九○○	八微二八二八二
八限	一度二○一九	六微八一二五三	○度九九○七	八微二七六九七
九限	一度二○一二	六微八二六五	○度九九一四	八微二七一一三
十限	一度二○○四	六微八三一○五	○度九九二二	八微二六四四六
十一限	一度一九九六	六微八三五六一	○度九九二九	八微一五八六五
十二限	一度一九八八	六微八四○一七	○度九九三七	八微二五一九八
十三限	一度一九八	六微八四四七四	○度九九四六	八微二四四五二
十四限	一度一九七二	六微八四九三一	○度九九五四	八微二五七八九

十五限	一度一九六三	六微八五四四六	○度九九六二	八微二三一二七
十六限	一度一九五五	六微八五九○五	○度九九七一	八微二二三八四
十七限	一度一九四六	六微八六四二二	○度九九八○	八微二一六四三
十八限	一度一九三七	六微八六九三九	○度九九八九	八微二○九○二
十九限	一度一九二七	六微八七五一五	○度九九九九	八微二○○八二
二十限	一度一九一八	六微八八○三四	一度○○○八	八微一九三四四
二十一限	一度一九○八	六微八八六一二	一度○○一八	八微一八五二六
二十二限	一度一八九八	六微八九一九一	一度○○二八	八微一七七一
二十三限	一度一八八八	六微八九七七一	一度○○三八	八微一六八九五
二十四限	一度一八七八	六微九○三五一	一度○○四八	八微一六○八二

二十五限	一度一八六七	六微九〇九九一	一度〇〇五九	八微一五一九
二十六限	一度一八五六	六微九一六三二	一度〇〇六九	八微一四三八
二十七限	一度一八四六	六微九二三一六	一度〇〇八	八微一三四九二
二十八限	一度一八三五	六微九二八六	一度〇〇九一	八微一二六〇五
二十九限	一度一八二三	六微九三五六三	一度〇一〇三	八微一一六四
三十限	一度一八一二	六微九四二〇九	一度〇一一四	八微一〇七五七
三十一限	一度一八	六微九四九一五	一度〇一二六	八微〇九七九六
三十二限	一度一七八八	六微九五六二二	一度〇一三八	八微〇八八一八
三十三限	一度一七七六	六微九六三三一	一度〇一五	八微〇七八八一
三十四限	一度一七六四	六微九七四一	一度〇一六二	八微〇六九二七

三十五限	一度一七 五二	六微九七七 五三	一度○一 七四	八微○五九 七六
三十六限	一度一七 三九	六微九八五 二六	一度○一 八七	八微○四九 四七
三十七限	一度一七 二六	六微九九三	一度○二	八微○三九 二一
三十八限	一度一七 一三	七微○○○ 七六	一度○二 一三	八微○二八 九八
三十九限	一度一七	七微○○八 五四	一度○二 二六	八微○一八 七七
四十限	一度一六 八六	七微○一六 九四	一度○二 三九	八微○○八 五九
四十一限	一度一六 七三	七微○二四 七五	一度○二 五三	七微九九七 六五
四十二限	一度一六 五九	七微○三三 一九	一度○二 六七	七微九八六 七五
四十三限	一度一六 四五	七微○四一 六四	一度○二 八一	七微九七五 八七
四十四限	一度一六 三一	七微○五○ 一二	一度○二 九五	七微九六五 ○三

四十五限	一度一六一六	七微〇五九二二	一度〇三〇九	七微九五四二一
四十六限	一度一六〇二	七微〇六七七四	一度〇三二四	七微九四二六五
四十七限	一度一五八七	七微〇七六八九	一度〇三三九	七微九三一一三
四十八限	一度七五七二	七微〇八六〇六	一度〇三五四	七微九一九六四
四十九限	一度一五五七	七微〇九五二六	一度〇三六九	七微九〇八一八
五十限	一度一五四一	七微一〇五一	一度〇三八四	七微八九六七六
五十一限	一度一五二六	七微一一四三五	一度〇四	七微八八四六一
五十二限	一度一五一	七微一二四二三	一度〇四一六	七微八七二五
五十三限	一度一四九四	七微一三四一五	一度〇四三二	七微八六〇四二
五十四限	一度一四七八	七微一四四一	一度〇四四八	七微八四八三九

五十五限	一度一四六二	七微一五四〇七	一度〇四六四	七微八三六三九
五十六限	一度一四四五	七微一六四一〇	一度〇四八一	七微八二三六八
五十七限	一度一四二八	七微一七五三五	一度〇四九七	七微八一一七五
五十八限	一度一四一一	七微一八六〇四	一度〇五一四	七微七九九一二
五十九限	一度一三九四	七微一九六七七	一度〇五三一	七微七八六五三
六十限	一度一三七七	七微二〇七五二	一度〇五四九	七微七七三二四
六十一限	一度一三五九	七微二一八九四	一度〇五六六	七微七六〇七四
六十二限	一度一三四二	七微二二九七六	一度〇五八四	七微七四七五四
六十三限	一度一三二四	七微二四二五	一度〇六〇二	七微七三四三八
六十四限	一度一三〇六	七微二五二七八	一度〇六二一	七微七二一一八

六十五限	一度一二八七	七微二六四九九	一度○六三八	七微七○八二一
六十六限	一度一二六九	七微二七六五九	一度○六五七	七微六九四四七
六十七限	一度一二五	七微二八八八八	一度○六七五	七微六八一四九
六十八限	一度一二三一	七微三二一	一度○六九四	七微六六七八五
六十九限	一度一二一三	七微三一三五九	一度○七一三	七微六五四二五
七十限	一度一一九三	七微三二六○○	一度○七三三	七微六三九九八
七十一限	一度一一七四	七微三三八四六	一度○七五二	七微六二六四八
七十二限	一度一一五四	七微三五一七二	一度○七七二	七微六一二三二
七十三限	一度一一三四	七微三七四八二	一度○七九二	七微五九八二三
七十四限	一度一一一四	七微三七八○八	一度○八一二	七微五八四一六○

七十五限	一度一○九四	七微三九一三八	一度○八二二	七微五七○一六
七十六限	一度一○七三	七微四○五四○	一度○八五二	七微五五六二一
七十七限	一度一○五三	七微四一八八○	一度○八七三	七微五四一六一
七十八限	一度一○三二	七微四三二九二	一度○八九四	七微五二七○七
七十九限	一度一○一一	七微四四七○九	一度○九一五	七微五一二五九
八十限	一度○九九	七微四七一三二	一度○九三六	七微四九八一七
八十一限	一度○九二八	七微四六六二九	一度○九五八	七微四八三一一
八十二限	一度○九六六	七微四七七六五	一度○九六	七微四八一九五
八十三限	一度○九六五	七微四七八三四	一度○九六一	七微四八一○六
八十四限	一度○九六一	七微四八一○六	一度○九六五	七微四七八二四

八十五限	一度○九六○	七微四八一七五	一度○九六六	七微四七七六五
八十六限	一度○九五八	七微四八三一一	一度○九六八	七微四七六二九
八十七限	一度○九三六	七微四九八一七	一度○九九	七微四六一三二
八十八限	一度○九一五	七微五一二五九	一度一○一一	七微四四七○九
八十九限	一度○八九四	七微五二七○七	一度一○三二	七微四三三二九二
九十限	一度○八七三	七微五四一六一	一度一○五三	七微四一八八○
九十一限	一度○八五二	七微五五五二一	一度一○七三	七微四○五四○
九十二限	一度○八三二	七微五七○一六	一度一○九四	七微三九一三八
九十三限	一度○八一二	七微五八四一六	一度一一一四	七微三七八○八
九十四限	一度○七九二	七微五九八二三	一度一一三四	七微三六四八二

九十五限	一度○七七二	七微六一二三二	一度一一五四	七微三五一六二
九十六限	一度○七五二	七微六二六四八	一度一一七四	七微三三八四六
九十七限	一度○七三三	七微六三九九八	一度一一九三	七微三二六
九十八限	一度○七一三	七微六五四二五	一度一二一二	七微三一三五九
九十九限	一度○六九四	七微六六七八五	一度一二三一	七微二○一二一
一百限	一度○六七五	七微六八一四九	一度一二五○	七微二八八八八
百一限	一度○六五七	七微六九四四七	一度一二六九	七微二七六五九
百二限	一度○六三八	七微七四八二一	一度一二八七	七微二六四九九
百三限	一度○六二	七微七二一二八	一度一三○六	七微二五二七八
百四限	一度○六○二	七微七三四三八	一度一三二四	七微二四一二五

百五限	一度○五八四	七微七四七五四	一度一三四二	七微二二九七六
百六限	一度○五六六	七微七六○七四	一度一三五九	七微二一八九四
百七限	一度○五四九	七微七七三二四	一度一三七七	七微二○七五二
百八限	一度○五三一	七微七八六五三	一度一三九四	七微一九六七七
百九限	一度○五一四	七微七九九一二	一度一四一一	七微一八六○四
百十限	一度○四九七	七微八一一七五	一度一四二八	七微一七五三五
百十一限	一度○四八一	七微八二三六八	一度一四四五	七微一六四七○
百十二限	一度○四六四	七微八三六三六	一度一四六二	七微一五四○七
百十三限	一度○四四八	七微八四八三九	一度一四七八	七微一四四一
百十四限	一度○四三二	七微八六○四二	一度一四七四	七微一三四一五

百十五限	一度○四一六	七微八七二五	一度一五一	七微一二四二三
百十六限	一度○四	七微八八四六一	一度一五二六	七微一一四三五
百十七限	一度○三八四	七微八九六七六	一度一五四一	七微一○五一
百十八限	一度○三六九	七微九○八一八	一度一五五七	七微○九五二六
百十九限	一度○三五四	七微九一九六四	一度一五七二	七微○八六○七
百二十限	一度○三三九	七微九三一一三	一度一五八七	七微○七六八九
百二十一限	一度○三二四	七微九四三六五	一度一六○二	七微○六七七四
百二十二限	一度○三○九	七微九五四二一	一度一六一六	七微○五九二二
百二十三限	一度○二九五	七微九六五○三	一度一六三一	七微○五○一二
百二十四限	一度○二八一	七微九七五八七	一度一六四五	七微○四一六四

百二十五限	一度○二 六七	七微九八六 七五	一度一六 五九	七微○三三 一九
百二十六限	一度○二 五三	七微九九七 六五	一度一六 七三	七微○二四 七五
百二十七限	一度○二 三九	八微○○八 五九	一度一六 八六	七微○一七 九四
百二十八限	一度○二 二六	八微○一八 七七	一度一七	七微○○八 五四
百二十九限	一度○二 一三	八微○二八 九八	一度一七 一三	七微○○○ 七六
百三十限	一度○二	八微○三九 二一	一度一七 二六	六微九九三
百三十一限	一度○二 八七	八微○四九 四七	一度一七 三九	六微九八五 二六
百三十二限	一度○二 七四	八微○五九 七六	一度一七 五二	六微九七七 五三
百三十三限	一度○一 六二	八微○六九 二七	一度一七 六四	六微九七四 一
百三十四限	一度○一 五	八微○七八 八一	一度一七 七六	六微九六三 三一

百三十五限　一度○一二八　八微○八八三八　一度一七八八　六微九五六二二
百三十六限　一度○一○六　八微○九七九六　一度一八一八　六微九四九一五
百三十七限　一度○一○四　八微一○七五七　一度一二一八　六微九四二○九
百三十八限　一度○一○三　八微一一六四　一度二三一八　六微九三五六三
百三十九限　一度○○九一　八微一二六○五　一度三五一八　六微九二八六
百四十限　一度○○八　八微一三四九二　一度四六一八　六微九二三一六
百四十一限　一度○○六九　八微一四三八　一度五六一八　六微九一六三二
百四十二限　一度○○五九　八微一五一九　一度六七一八　六微九○九九一
百四十三限　一度○○四八　八微一六○八二　一度七八一八　六微九○三五一
百四十四限　一度○○三八　八微一六八九五　一度八八　六微八九七七一

百四十五限	一度〇〇二八	八微一七七一	一度一八九八	六微八九一九一
百四十六限	一度〇〇一八	八微一八五二六	一度一九〇八	六微八八六一二
百四十七限	一度〇〇〇八	八微一九三四四	一度一九一八	六微八八〇三四
百四十八限	〇度九九九九	八微二〇〇八二	一度一九二七	六微八七五一五
百四十九限	〇度九九八九	八微二〇九〇二	一度一九三七	六微八六九三九
百五十限	〇度九九八〇	八微二一六四三	一度一九四六	六微八六四二二
百五十一限	〇度九九七一	八微二二三八四	一度一九五五	六微八五九〇五
百五十二限	〇度九九六二	八微二三一二七	一度一九六三	六微八五四四六
百五十三限	〇度九九五四	八微二三七八九	一度一九七二	六微八四九三一
百五十四限	〇度九九四六	八微二四四五三	一度一九八	六微八四四七四

百五十五限	○度九九三七	八微二五一九八	一度一九八八	六微八四○一七
百五十六限	○度九九二九	八微二五八六三	一度一九九六	六微八三五六一
百五十七限	○度九九二二	八微二六四四六	一度二○○四	六微八三一○五
百五十八限	○度九九一四	八微二七一一三	一度二○一二	六微八二六五
百五十九限	○度九九○七	八微一七六九七	一度一○一九	六微八二二五三
百六十限	○度九九九八	八微二八二八二	一度二二六	六微八一八五五
百六十一限	○度九三九八	八微二八八六八	一度二○三三	六微八一四五九
百六十二限	○度八六九八	八微二九四五五	一度二○四○	六微八三○六三
百六十三限	○度七九九八	八微三○○四三	一度二○四七	六微八○六六七
百六十四限	○度七三○	八微三○五四七	一度二○五三	六微八○三二八

百六十五限	○度九八六七	八微三一○五三	一度二○五九	六微七九九九○
百六十六限	○度九八六一	八微三一五五八	一度二○六五	六微七九六五一
百六十七限	○度九八五五	八微三二○六四	一度二○七一	六微七九三一四
百六十八限	空		空	

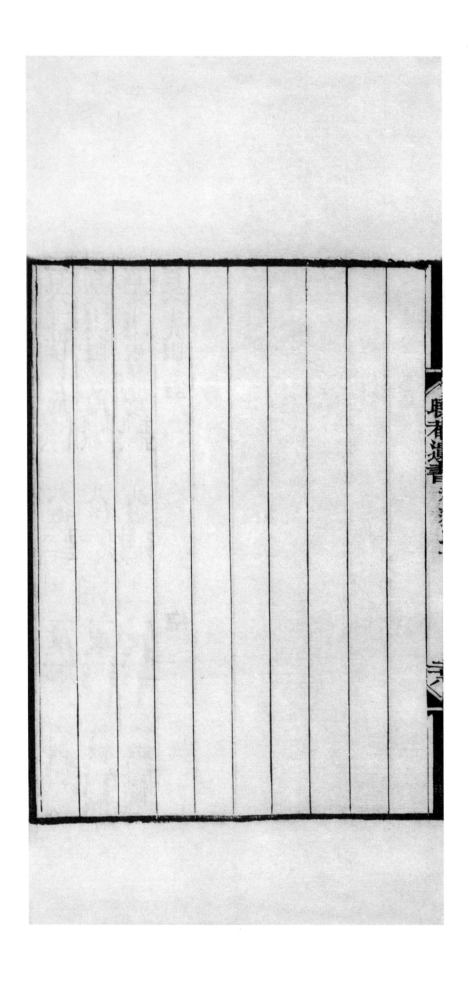

黃赤道率附月離

分後赤道至後黃道 積度	度率	積度	至後赤道分後黃道 度率	月離 積差	差率
初度	一度	空	一度○八六五	空	八十二秒
一度	一度	一度○八六五	一度○八六三	八十二秒	二分四十六秒
二度	一度	二度一七二八	一度○八六	三分二八	四分一十一秒
三度	一度	三度二五八八	一度○八五七	七分三九	五分七十六秒
四度	一度	四度三四四五	一度○八四九	一十三分一五	七分四十一秒
五度	一度	五度四二九四	一度○八四三	二十○分五六	九分○十七秒
六度	一度	六度五一三七	一度○八三三	二十九分三六	一十○分七秒
七度	一度	七度五九七	一度○八二三	四十○分三六	一十二分四
八度	一度	八度六七九三	一度○八一二	五十二分七六	一十四分○八

九度	一度	九度七六〇五	一度〇八〇一	六十六分八四	一十五分七六
一十〇度	一度	一十〇度八四〇六	一度〇七八六	八十二分六	一十七分四五
一十一度	一度	一十一度九一九二	一度〇七七二	一度〇〇〇五	一十九分一六
一十二度	一度	一十二度九九六四	一度〇七五五	一度一九二一	二十〇分八七
一十三度	一度	一十四度〇七一九	一度〇七四	一度四〇〇八	二十二分五八
一十四度	一度	一十五度一四五九	一度〇七二	一度六二六六	二十四分三
一十五度	一度	一十六度二二七九	一度〇七〇四	一度六八九六	二十六分〇五
一十六度	一度	一十七度二八八三	一度〇六八四	二度二三	二十七分七九
一十七度	一度	一十八度三五六七	一度〇六六三	二度四〇八	二十九分五五
一十八度	一度	一十九度四二三	一度〇六四二	二度七〇三五	三十一分三二
一十九度	一度	二十〇度四八七二	一度〇六二三	三度〇一六五	三十三分〇七
二十度	一度	二十一度五四九四	一度〇五九九	三度三四七二	三十四分八五

二十一度	一度	二十二度六〇九三	一度〇五七五	三度六九五七	三十六分六三
二十二度	一度	二十三度六六六八	一度　五五四	四度〇六二〇	三十八分四二
二十三度	一度	二十四度七二二三	一度〇五三〇	四度四四六二	四十〇分二〇
二十四度	一度	二十五度七七五二	一度〇五〇六	四度八四八二	四十二分〇〇
二十五度	一度	二十六度八二五八	一度〇四八二	五度二六八二	四十三分七九
二十六度	一度	二十七度八七四〇	一度〇四五六	五度七〇六一	四十五分五九
二十七度	一度	二十八度九一九六	一度〇四三一	六度一六二〇	四十七分三八
二十八度	一度	二十九度九六二八	一度〇四〇八	六度六三五八	四十九分一七
二十九度	一度	三十一度〇〇六三	一度〇三八二	七度一二七五	五十〇分九五
三十度	一度	三十二度〇四一八	一度〇三五五	七度六三七〇	五十二分三七
三十一度	一度	三十三度〇七七三	一度〇三三二	八度一六四三	五十四分五〇
三十二度	一度	三十四度一一　五	一度〇三〇六	八度七〇九三	五十六分二六

三十三度	一度	三十五度一四一一	一度○二八	九度二七一九	五十八分○一
三十四度	一度	三十六度一六九一	一度○二五四	九度八五二○	五十九分七四
三十五度	一度	三十七度一九四五	一度○二三九	一十○度四四九四	六十一分四三
三十六度	一度	三十八度二一七四	一度○二○三	一十○度 六三九	六十三分一四
三十七度	一度	三十九度二三七七	一度○一七七	一十一度六九五三	六十四分八一
三十八度	一度	四十度二五五四	一度○一五二	一十二度三四三四	六十六分四七
三十九度	一度	四十一度二七○六	一度○一二六	一十三度○○八一	六十八分○八
四十度	一度	四十二度二八三三	一度○一○二	一十三度六八八九	六十九分六七
四十一度	一度	四十三度二九二四	一度○○七五	一十四度三八五六	七十一分二四
四十二度	一度	四十四度三○○九	一度○○四九	一十五度○九八○	七十二分七六
四十三度	一度	四十五度三○五八	一度○○二七	一十五度八二五六	七十四分二六
四十四度	一度	四十六度三○八五	一度○○○○	一十六度五二八六	七十五分一七

四十五度	一度	四十七度三○八五	九十九分七四	一十七度三三五三	七十七分一三
四十六度	一度	四十八度三○五九	九十九分五一	一十八度○九六五	七十八分五○
四十七度	一度	四十九度三○一○	九十九分二五	一十八度八八一五	七十九分八四
四十八度	一度	五十度二九二五	九十九分○一	一十九度六七九九	八十一分一三
四十九度	一度	五十一度二八三六	九十八分七六	二十○度四九一一	八十二分三七
五十度	一度	五十二度二七一二	九十八分五一	二十一度三二四八	八十三分五七
五十一度	一度	五十三度二五六二	九十八分二七	二十二度一五○五	八十四分七二
五十二度	一度	五十四度二三九○	九十八分○三	二十二度九九七七	八十五分八三
五十三度	一度	五十五度二一九三	九十七分八○	二十三度八五八○	八十六分八八
五十四度	一度	五十六度一九七三	九十七分五五	二十四度七二四八	八十七分八九
五十五度	一度	五十七度一七二八	九十七分三一	二十五度六○三七	八十八分八五
五十六度	一度	五十八度一四五九	九十七分○八	二十六度四九二三	八十九分七七

五十七度	一度	五十九度二一六七	九十六分八五	二十七度三八九九	九十〇分六三
五十八度	一度	六十〇度〇八五二	九十六分六一	二十八度二九六二	九十一分四四
五十九度	一度	六十一度〇五一三	九十六分三九	二十九度二一〇六	九十二分二三
六十〇度	一度	六十二度〇一五二	九十六分一六	三十〇度一三二八	九十二分九四
六十一度	一度	六十二度九七六八	九十五分九四	三十一度〇六二三	九十三分六一
六十二度	一度	六十三度九三六二	九十五分七二	三十一度九九八三	九十四分二六
六十三度	一度	六十四度八九三四	九十五分五一	三十二度九四〇九	九十四分五八
六十四度	一度	六十五度八四八五	九十五分二九	三十三度八八九四	九十五分三八
六十五度	一度	六十六度八〇一四	九十五分〇九	三十四度八四三三	九十五分九〇
六十六度	一度	六十七度九五二三	九十四分八七	三十五度八〇二三	九十六分三八
六十七度	一度	六十八度七〇一〇	九十四分七〇	三十六度七六六〇	九十六分八一
六十八度	一度	六十九度六四八〇	九十四分五〇	三十七度七三四一	九十七分一九

六十七度	一度	七十度 五九三〇	九十四分 一七	三十八度七〇六〇	九十七分五六
七十〇度	一度	七十一度五三五七	九十四分一二	三十九度六八一六	九十七分八九
七十一度	一度	七十二度四七六九	九十三分九二	四十度 六六〇五	九十八分一八
七十二度	一度	七十三度四一六一	九十三分八五	四十一度六四三三	九十八分四五
七十三度	一度	七十四度三五四六	九十三分五三	四十二度六二六八	九十八分六八
七十四度	一度	七十五度二八九九	九十三分四三	四十三度六二三六	九十八分九一
七十五度	一度	七十六度二三四二	九十三分二九	四十四度六〇二七	九十九分一〇
七十六度	一度	七十七度一五七一	九十三分一五	四十五度五九三七	九十九分二五
七十七度	一度	七十八度〇八八六	九十三分〇四	四十六度五八六二	九十九分四〇
七十八度	一度	七十九度〇一九〇	九十二分八六	四十七度五八〇二	九十九分五三
七十九度	一度	七十九度九四七六	九十二分七五	四十八度五七五四	九十九分六二
八十〇度	一度	八十度 八七五一	九十二分六五	四十九度五七一六	九十九分七二

八十一度	一度	八十一度八〇一六	九十二分五五	五十度　五六八八	九十九分七九
八十二度	一度	八十二度七二七一	九十二分四四	五十一度五六六七	九十九分八四
八十三度	一度	八十三度六五一五	九十二分三八	五十二度五六五一	九十九分八九
八十四度	一度	八十四度五七五三	九十二分二八	五十三度五六四〇	九十九分九三
八十五度	一度	八十五度四九八一	九十二分二二	五十四度五六三三	九十九分九六
八十六度	一度	八十六度四二〇三	九十二分一五	五十五度五六二九	九十九分九七
八十七度	一度	八十七度三四一八	九十二分一二	五十六度五六二六	九十九分九九
八十八度	一度	八十八度二六三〇	九十二分一〇	五十七度五六二五	一度
八十九度	一度	八十九度一八四〇	九十二分〇四	五十八度五六二五	一度
九十〇度	一度	九十度〇四四〇	九十二分〇四	五十九度五六二五	一度
九十一度	〇度三一三五	九十一度〇二四八	二十八分七七	六十度五六二五	三十一分二五
九十一度	空	九十一度三一二五	空	六十度　八七五	〇〇〇

黃道出入赤道去極度表

黃道積度	內外度	內外左右	冬至前後去極度	夏至前後去極度
初度	二十三度九〇三〇	三十三秒	一百一十五度三二七三	六十七度四一二三
一度	二十三度八九九七	九十九秒	一百一十五度三二四〇	六十七度四一四六
二度	二十三度八八九八	一分六六	一百一十五度三〇四一	六十七度四二四五
三度	二十三度八七三二	二分三二	一百一十五度一八七五	六十七度四四一一
四度	二十三度八五〇一	二分九九	一百一十五度一六四四	六十七度四六四二
五度	二十三度八二〇一	三分六五	一百一十五度一三四五	六十七度四九四一
六度	二十三度七八三七	四分三三	一百一十五度〇九八〇	六十七度五二〇六
七度	二十三度七四〇五	四分九八	一百一十五度〇五四六	六十七度五七三八
八度	二十三度六九〇七	五分六五	一百一十五度〇〇五〇	六十七度六二三六
九度	二十三度六三二四	六分三六	一百一十四度九四八一	六十七度六八〇五

十〇度	二十三度五七〇六	七分〇二	一百一十四度八八四九	六十七度七四三七
一十一度	二十三度五〇〇四	七分六九	一百一十四度八一四七	六十七度八一三九
一十二度	二十三度四二三五	八分三九	一百一十四度七三七八	六十七度八九〇八
一十三度	二十三度三三九六	九分〇八	一百一十四度六五三九	六十七度九四四七
一十四度	二十三度二四八八	九分七五	一百一十四度五六三一	六十八度〇六五五
一十五度	二十三度一五一三	一十〇分四七	一百一十四度四六五六	六十八度一六三〇
一十六度	二十三度〇四六六	一十一分一四	一百一十四度三六〇九	六十八度二六七七
一十七度	二十二度九三五二	一十一分八五	一百一十四度二四九五	六十八度三七九一
一十八度	二十二度八一六七	一十二分五四	一百一十四度[illegible]	六十八度四九七六
一十九度	二十二度六九一三	一十三分二五	一百一十四度〇〇五六	六十八度六二三〇
二十度	二十二度五五八八	一十三分九五	一百一十三度八七三一	六十八度七五五五
二十一度	二十二度四一五三	一十四分六六	一百一十三度七三三六	六十八度八九五〇

二十二度	二十二度二七二七	一十五分三七	一百一十三度五八七〇	六十九度〇四一六
二十三度	二十二度二一九〇	一十六分〇六	一百一十三度四三三三	六十九度一九五三
二十四度	二十一度九五八四	一十六分七八	一百一十三度二七二七	六十九度三五五九
二十五度	二十一度七九〇六	一十七分四七	一百一十三度一〇四九	六十九度五二三七
二十六度	二十一度六一五九	一十八分二〇	一百一十二度九三〇二	六十九度六九八四
二十七度	二十一度四三三九	一十八分九〇	一百一十二度七四八二	六十九度八八〇四
二十八度	二十一度二四四九	一十九分六〇	一百一十二度五五九二	七十〇度〇六九四
二十九度	二十一度〇四八九	二十分二七	一百一十二度三六三二	七十〇度二六五四
三十度	二十〇度八四六二	二十分九九	一百一十二度一六〇五	七十〇度四六八一
三十一度	二十〇度六三六三	二十一分六八	一百一十一度九五〇六	七十〇度六七八〇
三十二度	二十〇度四一九五	二十二分三五	一百一十一度七三三八	七十〇度八九四八
三十三度	二十〇度一九六〇	二十三分〇三	一百一十一度五一〇三	七十一度一一八三

三十四度	一十九度九六五七	二十三分七一	一百一十一度二八〇〇	七十一度三四八六
三十五度	一十九度七二八六	二十四分三七	一百一十一度〇四二九	七十一度五八五七
三十六度	一十九度四八四九	二十五分〇二	一百一十〇度七九九二	七十一度八二九四
三十七度	一十九度二三四六	二十五分六六	一百一十〇度五四八九	七十二度〇七九七
三十八度	一十八度九七八〇	二十六分三一	一百一十〇度二九二三	七十二度三三六三
三十九度	一十八度七一四九	二十六分九三	一百一十〇度〇二九二	七十二度五九九四
四十度	一十八度四四五六	二十七分五二	一百〇九度七五九九	七十二度八六八七
四十一度	一十八度一七〇四	二十八分一四	一百〇九度四八四七	七十三度一四三九
四十二度	一十七度八八九〇	二十八分七二	一百〇九度二〇三三	七十三度四二五三
四十三度	一十七度六〇一八	二十九分一九	一百〇八度九一六一	七十三度七一二五
四十四度	一十七度三〇八九	二十九分八四	一百〇八度六二三三	七十四度〇〇五八
四十五度	一十七度〇一〇五	三十〇分三八	一百〇八度三二四八	七十四度三〇三八

四十六度	一十六度七〇六七	三十〇分九〇	一百〇八度二一〇	七十四度六〇六七
四十七度	一十六度三九七七	三十一分四一	一百〇七度七一二〇	七十四度九一六六
四十八度	一十六度〇八三六	三十一分九一	一百〇七度三九七九	七十五度二三〇七
四十九度	一十五度七六四五	三十二分三六	一百〇七度七八八	七十五度五四九八
五十度	一十五度四四〇九	三十二分八五	一百〇六度七五五二	七十五度八七三四
五十一度	一十五度二一二四	三十三分二六	一百〇六度四二六七	七十五度二〇一九
五十二度	一十四度七七九八	三十三分六四	一百〇六度九四一	七十五度五三四五
五十三度	一十四度四四二四	三十四分〇七	一百〇五度七三七七	七十六度八七〇九
五十四度	一十四度一〇二七	三十四分四五	一百〇五度四一七〇	七十七度二一一六
五十五度	一十三度七五八二	三十四分八一	一百〇五度七二五	七十七度五五六一
五十六度	一十三度四一〇一	三十五分一五	一百〇四度七二四四	七十七度九〇四二
五十七度	一十三度〇五八六	三十五分四七	一百〇四度三七二九	七十八度一五五七

五十八度	一十二度七〇三九	三十五分七八	一百〇四度〇一八二	七十八度六一〇四
五十九度	一十二度三四六一	三十六分〇七	一百〇三度六六〇四	七十八度九六八一
六十度	一十一度九八五四	三十六分三三	一百〇三度二九九七	七十九度三三八九
六十一度	一十一度六二二一	三十六分五九	一百〇二度九三六四	七十九度六九二三
六十二度	一十一度二五六二	三十六分八三	一百〇二度五七〇五	八十〇度〇六一五
六十三度	一十〇度八八七九	三十七分〇五	一百〇二度二〇二二	八十〇度四二六四
六十四度	一十〇度五一七四	三十七分二四	一百〇一度八三一七	八十〇度七九八九
六十五度	一十〇度一四五	三十七分四四	一百〇一度四五九三	八十一度一九九三
六十六度	〇九度七七　六	三十七分六一	一百〇一度〇八四九	八十一度五四三七
六十七度	九度三九四五	三十七分七六	一百〇〇度七〇八八	八十一度九一九八
六十八度	九度〇一六九	三十七分九一	一百〇〇度三三一二	八十二度二九七四
六十九度	八度六三七八	三十八分〇七	九十九度九五二一	八十二度六七六五

七十度	八度二五七一	三十八分一七	九十九度五七一四	八十三度〇五七二
七十一度	七度八七五四	三十八分二八	九十九度一八九七	八十三度四三八九
七十二度	七度四九二六	三十八分三八	九十八度八〇六九	八十三度八二一七
七十三度	七度一〇八八	三十八分四七	九十八度四二三一	八十四度二〇五五
七十四度	六度七二四一	三十八分五四	九十八度〇三八四	八十四度五九〇二
七十五度	六度三三八七	三十八分六二	九十七度六五三〇	八十五度九七五六
七十六度	五度九五二五	三十八分六七	九十七度二六六八	八十五度三六一八
七十七度	五度五六五八	三十八分七三	九十六度八八〇一	八十五度七四八五
七十八度	五度一七八五	三十八分七七	九十六度四九二八	八十六度一三五八
七十九度	四度七九〇八	三十八分八一	九十六度一〇五一	八十六度五二三五
八十度	四度四〇二七	三十八分八五	九十五度七一七〇	八十六度九一一六
八十一度	四度〇一四二	三十八分八八	九十三度三二八五	八十七度三〇〇一

八十二度	三度六二五四	三十八分八九	九十四度九四六四
八十七度六八二三			
八十三度	三度二三六五	三十八分九〇	九十四度五五〇九
八十八度〇七七七			
八十四度	二度八四七五	三十八分九二	九十四度一六一八
八十八度四六六八			
八十五度	二度四五八三	三十八分九三	九十三度七七二六
八十八度六五六〇			
八十六度	二度〇六九〇	三十八分九四	九十三度三八三三
八十九度二四五三			
八十七度	一度六七九六	三十八分九四	九十二度九九三九
八十九度六三四七			
八十八度	一度二九〇九	三十八分九五	九十二度六〇四五
九十〇度〇二四一			
八十九度	〇度九〇〇七	三十八分九五	九十二度二一五〇
九十〇度四一三六			
九十度	〇度五一一二	三十八分九五	九十一度八二五五
九十〇度八〇三一			
九十一度	〇度一二一七	一十二分一七	九十一度四三六
九十一度一九二六			
九十一度	空	空	九十一度三一四一
九十一度三一四一			
三一四一			

半晝分表

積日	冬至后半日分	晝夜左右益	夏至后半日分	晝夜左右損
初日	二十〇刻六八三〇	八秒	二十九刻三一七〇	七秒
一日	二十〇刻六八三八	二十三秒	二十九刻三一六三	一十九秒
二日	二十〇刻六八六一	三十八秒	二十九刻三一四四	三十一秒
三日	二十〇刻六八九九	五十三秒	二十九刻三一一三	四十四秒
四日	二十〇刻六九五二	六十九秒	二十九刻三〇六九	五十六秒
五日	二十〇刻七〇二一	八十三秒	二十九刻三〇一三	六十九秒
六日	二十〇刻七一〇四	一分〇三	二十九刻二九四四	八十一秒
七日	二十〇刻七二〇七	一分一〇	二十九刻二八六三	九十四秒
八日	二十〇刻七三一七	一分二八	二十九刻二八六九	一分〇七
九日	二十〇刻七四四五	一分四四	二十九刻二六六二	一分二〇

一十〇日	二十〇刻七五八九	一分五九	二十九刻二五四二	一分三二
一十一日	二十〇刻七七四八	一分七四	二十九刻二四一〇	一分四五
一十二日	二十〇刻七九二二	一分八九	二十九刻二二六五	一分五七
一十三日	二十〇刻八一一一	一分〇四	二十九刻二一〇八	一分七〇
一十四日	二十〇刻八三一五	二分一九	二十九刻一九三八	一分八三
一十五日	二十〇刻八五三四	二分三四	二十九刻一七五五	一分九六
一十六日	二十〇刻八七六八	二分四九	二十九刻一五五九	二分　九
一十七日	二十〇刻九〇一七	二分六四	二十九刻一三五〇	二分二二
一十八日	二十〇刻九二八一	二分七八	二十九刻一一二八	二分三四
一十九日	二十〇刻九五五九	二分九四	二十九刻〇八九四	二分四七
二十日	二十〇刻九八五三	三分〇八	二十九刻〇六四七	二分六〇
二十一日	二十一刻〇一六一	三分二三	二十九刻〇三八七	二分七三

二十二日	二十一刻○四八三	三分三六	二十九刻○一一四	二分八五
二十三日	二十一刻○八一九	三分五二	二十八刻九八二九	二分九八
二十四日	二十一刻一一七一	三分六五	二十八刻九五三一	三分一一
二十五日	二十一刻一五三六	三分八一	二十八刻九二二○	三分二三
二十六日	二十一刻一九一五	三分九三	二十八刻八八九七	三分三六
二十七日	二十一刻二三○八	四分○八	二十八刻八五六一	三分四八
二十八日	二十一刻二七一六	四分一八	二十八刻八二一三	三分六一
二十九日	二十一刻三一三四	四分三三	二十八刻七八五二	三分七三
三十日	二十一刻三五六七	四分四五	二十八刻七四七九	三分八四
三十一日	二十一刻四○一二	四分五七	二十八刻七○九五	三分九六
三十二日	二十一刻四四六九	四分七○	二十八刻六○九九	四分○八
三十三日	二十一刻四七三九	四分八三	二十八刻六二九一	四分一九

曉菴遺書厤表上冊

三十四日	二十一刻五四二一	四分九四	二十八刻五八七二	四分三〇
三十五日	二十一刻五九一五	五分〇四	二十八刻五四四二	四分四一
三十六日	二十一刻六四二〇	五分一六	二十八刻五〇〇一	四分五二
三十七日	二十一刻六九三六	五分二六	二十八刻四五四九	四分六三
三十八日	二十一刻七四六二	五分三六	二十八刻四〇八六	四分七四
三十九日	二十一刻七九九八	五分四六	二十八刻三六一二	四分八四
四十日	二十一刻八五四四	五分五五	二十八刻三一二八	四分九四
四十一日	二十一刻九〇九九	五分六四	二十八刻二六三四	五分〇三
四十二日	二十一刻九六六三	五分七四	二十八刻二一三一	五分一二
四十三日	二十二刻〇二三七	五分八二	二十八刻一六一九	五分二一
四十四日	二十二刻〇八一九	五分八九	二十八刻一〇九八	五分三〇
四十五日	二十二刻一四〇八	五分九六	二十八刻〇五六八	五分三九

四十六日	二十二刻二〇〇四	六分〇四	二十八刻〇〇二九	五分四七
四十七日	二十二刻二六〇八	六分一〇	二十七刻九四八二	五分五五
四十八日	二十二刻三二一八	六分一五	二十七刻八九二七	五分六二
四十九日	二十二刻三八三四	六分二二	二十七刻八三六五	五分六九
五十日	二十二刻四四五六	六分二九	二十七刻七七九六	五分七五
五十一日	二十二刻五〇八三	六分三一	二十七刻七二二一	五分八二
五十二日	二十二刻五七一四	六分三六	二十七刻六六三九	五分八八
五十三日	二十二刻六三五〇	六分四〇	二十七刻六〇五一	五分九四
五十四日	二十二刻六九九〇	六分四四	二十七刻五四五七	五分九九
五十五日	二十二刻七六三四	六分四八	二十七刻四八五八	六分〇四
五十六日	二十二刻八二八二	六分五一	二十七刻四二五四	六分〇九
五十七日	二十二刻八九三三	六分五三	二十七刻三六四五	六分一三

五十八日	二十二刻九五八六	六分五五	二十七刻三〇三三	六分一七
五十九日	二十三刻〇二四一	六分五七	二十七刻二四一五	六分二二
六十日	二十三刻〇八九八	六分六〇	二十七刻一七九三	六分二六
六十一日	二十三刻一五五八	六分六一	二十七刻一一六七	六分二九
六十二日	二十三刻二二一九	六分六二	二十七刻〇五三八	六分三一
六十三日	二十三刻二八八一	六分六三	二十六刻九九〇七	六分三三
六十四日	二十三刻三五四三	六分六四	二十六刻九二七四	六分三五
六十五日	二十三刻四二〇七	六分六五	二十六刻八六三九	六分三八
六十六日	二十三刻四八七二	六分六五	二十六刻八〇〇一	六分四〇
六十七日	二十三刻五五三七	六分六五	二十六刻七三六一	六分四二
六十八日	二十三刻六二〇二	六分六五	二十六刻六七一九	六分四四
六十九日	二十三刻六八六七	六分六五	二十六刻六〇七五	六分四五

七十日	二十三刻七五三二	六分六五	二十六刻五四三〇	六分四六
七十一日	二十三刻八一九七	六分六五	二十六刻四七八四	六分四七
七十二日	二十三刻八八六二	六分六四	二十六刻四二三七	六分四八
七十三日	二十三刻九五二六	六分六四	二十六刻三四八九	六分四九
七十四日	二十四刻〇七九〇	六分六三	二十六刻二八四〇	六分五〇
七十五日	二十四刻〇八五三	六分六二	二十六刻二一九〇	六分五〇
七十六日	二十四刻一五一五	六分六二	二十六刻一五四〇	六分五一
七十七日	二十四刻二一七七	六分六一	二十六刻〇八八九	六分五一
七十八日	二十四刻二八三八	六分六〇	二十六刻〇二三八	六分五一
七十九日	二十四刻三四九八	六分五九	二十五刻九五八七	六分五一
八十日	二十四刻四七五七	六分五九	二十五刻八九三六	六分五一
八十一日	二十四刻四八一六	六分五八	二十五刻八二八五	六分五一

八十二日	二十四刻五四七四	六分五七	二十五刻七六三四	六分五一
八十三日	二十四刻六一三一	六分五六	二十五刻六九八三	六分五一
八十四日	二十四刻六七八七	六分五五	二十五刻六三三二	六分五一
八十五日	二十四刻七四四二	六分五四	二十五刻五六八一	六分五一
八十六日	二十四刻八〇九六	六分五五	二十五刻五〇三〇	六分五一
八十七日	二十四刻八七五一	六分五五	二十五刻四三七八	六分五一
八十八日	二十四刻九四〇六	六分五四	二十五刻三七二七	六分五二
八十九日	二十五刻〇〇六〇	六分五三	二十五刻三〇七五	六分五二
九十日	二十五刻〇七一三	六分五三	二十五刻二四二三	六分五二
九十一日	二十五刻一三六六	六分五二	二十五刻一七七一	六分五二
九十二日	二十五刻二〇一八	六分五一	二十五刻一一一九	六分五二
九十三日	二十五刻二六六九	六分五一	二十五刻〇四六六	六分五四

九十四日	二十五刻三三二〇	六分五一	二十四刻九八一二	六分五五
九十五日	二十五刻三九七一	六分五一	二十四刻九一五七	六分五五
九十六日	二十五刻四六二三	六分五一	二十四刻八五〇二	六分五五
九十七日	二十五刻五二七四	六分五一	二十四刻七八四七	六分五五
九十八日	二十五刻五九二五	六分五一	二十四刻七一九二	六分五六
九十九日	二十五刻六五七六	六分五一	二十四刻六五三六	六分五七
一百日	二十五刻七二二七	六分五一	二十四刻五八七九	六分五八
一百一日	二十五刻七八七八	六分五一	二十四刻五二二一	六分五八
一百二日	二十五刻八五二九	六分五一	二十四刻四五六三	六分五九
一百三日	二十五刻九一八〇	六分五一	二十四刻三九〇四	六分六〇
一百四日	二十五刻九八三一	六分五一	二十四刻三二四四	六分六一
一百五日	二十六刻〇四八二	六分五一	二十四刻二五八三	六分六一

一百六日	二十六刻一一三三	六分五〇	二十四刻一九二三	六分六二
一百七日	二十六刻一七八三	六分四九	二十四刻一二六〇	六分六三
一百八日	二十六刻二四三三	六分四九	二十四刻〇五九七	六分六四
一百九日	二十六刻三〇八一	六分四八	二十三刻九九三三	六分六四
一百一十日	二十六刻三七二九	六分四八	二十三刻九二六九	六分六五
一百一十一日	二十六刻四三七七	六分四七	二十三刻八六〇四	六分六五
一百一十二日	二十六刻五〇二四	六分四五	二十三刻七九三九	六分六五
一百一十三日	二十六刻五六六九	六分四四	二十三刻七二七四	六分六五
一百一十四日	二十六刻六三一三	六分四三	二十三刻六六〇九	六分六五
一百一十五日	二十六刻六九五六	六分四一	二十三刻五九四四	六分六五
一百一十六日	二十六刻七五九七	六分四〇	二十三刻五二七九	六分六五
一百一十七日	二十六刻八二三七	六分三七	二十三刻四六一四	六分六五

一百一十八日	二十六刻八八七四	六分三五	二十三刻三九四九	六分六四
一百一十九日	二十六刻九五〇九	六分三三	二十三刻三三八五	六分六三
一百二十日	二十七刻〇一四一	六分三〇	二十三刻二六三三	六分六二
一百二十一日	二十七刻〇七七一	六分二七	二十三刻一九六〇	六分六〇
一百二十二日	二十七刻一三九八	六分二三	二十三刻一三〇〇	六分五九
一百二十三日	二十七刻二〇二一	六分二〇	二十三刻〇六四〇	六分五七
一百二十四日	二十七刻二六四一	六分一五	二十二刻九九八四	六分五五
一百二十五日	二十七刻三二五六	六分一二	二十二刻九三三九	六分五二
一百二十六日	二十七刻三八六八	六分〇七	二十二刻八六七七	六分四九
一百二十七日	二十七刻四四七五	六分〇二	二十二刻八〇二八	六分四六
一百二十八日	二十七刻五〇七七	五分九七	二十二刻七三八二	六分四三
一百二十九日	二十七刻五六七四	五分九二	二十二刻六七三九	六分三九

一百三十日	二十七刻六二六六	五分八六	二十二刻六一〇〇	六分三五
一百三十一日	二十七刻六八五二	五分七九	二十二刻五四六五	六分三
一百三十二日	二十七刻七四三一	五分七三	二十二刻四八三五	六分二五
一百三十三日	二十七刻八〇〇四	五分六六	二十二刻四二一〇	六分二〇
一百三十四日	二十七刻八五七	五分五九	二十二刻三五九〇	六分一四
一百三十五日	二十七刻九一二九	五分五二	二十二刻二九七六	六分〇八
一百三十六日	二十七刻九六八一	五分四四	二十二刻二三六八	六分〇一
一百三十七日	二十八刻〇二二五	五分三六	二十二刻一七六七	五分九三
一百三十八日	二十八刻〇七六一	五分二七	二十二刻一一七四	五分八六
一百三十九日	二十八刻一二八八	五分一八	二十二刻〇五八八	五分七九
一百四十日	二十八刻一八〇六	五分　九	二十二刻〇〇〇九	五分七一
一百四十一日	二十八刻二三一五	四分九九	二十一刻九四三八	五分六一

一百四十二日	二十八刻二八一四	四分九〇	二十一刻八八七七	五分五二
一百四十三日	二十八刻三三〇四	四分八〇	二十一刻八三二五	五分四三
一百四十四日	二十八刻三七八四	四分七〇	二十一刻七七八二	五分三三
一百四十五日	二十八刻四二五四	四分五九	二十一刻七二四九	五分二三
一百四十六日	二十八刻四七一三	四分四八	二十一刻六七二七	五分一一
一百四十七日	二十八刻五一六一	四分三七	二十一刻六二一六	五分〇一
一百四十八日	二十八刻五五九八	四分二六	二十一刻五七一五	四分八九
一百四十九日	二十八刻六〇二四	四分一五	二十一刻五二二六	四分七七
一百五十日	二十八刻六四三九	四分〇四	二十一刻四七四九	四分六五
一百五十一日	二十八刻六八四三	三分九二	二十一刻四二八四	四分五三
一百五十二日	二十八刻七二三五	三分八〇	二十一刻三八三一	四分四一
一百五十三日	二十八刻七六一五	三分六八	二十一刻三三九〇	四分二八

一百五十四日	二十八刻七九八三	三分五六	二十一刻二九六二	四分一四
一百五十五日	二十八刻八三九九	三分四三	二十一刻二五四八	四分〇一
一百五十六日	二十八刻六八八二	三分三一	二十一刻二一四七	三分八七
一百五十七日	二十八刻九〇一三	三分一八	二十一刻一七六〇	三分七三
一百五十八日	二十八刻九三三一	三分〇六	二十一刻一三八七	三分五九
一百五十九日	二十八刻九六三七	二分九四	二十一刻一〇二八	三分四五
一百六十日	二十八刻九九三一	二分八一	二十一刻〇六八三	三分三一
一百六十一日	二十九刻〇二二二	二分六八	二十一刻〇三五二	三分一七
一百六十二日	二十九刻〇四八〇	二分五六	二十一刻〇〇三五	三分〇二
一百六十三日	二十九刻〇七三六	二分四三	二十〇刻九七三三	二分八七
一百六十四日	二十九刻〇九七九	二分三〇	二十〇刻九四四六	二分七三
一百六十五日	二十九刻一二〇九	二分一七	二十〇刻九一七三	二分五八

一百六十六日	二十九刻四二六	一分○四	二十○刻八九一五	二分四三
一百六十七日	二十九刻一六三○	一分九二	二十○刻八六七二	二分二八
一百六十八日	二十九刻一八二三	一分七九	二十○刻八四四四	二分一三
一百六十九日	二十九刻二○○一	一分六六	二十○刻八二三一	一分九八
一百七十日	二十九刻二一六七	一分五三	二十○刻八○三三	一分八三
一百七十一日	二十九刻二三二○	一分四○	二十○刻七八五○	一分六八
一百七十二日	二十九刻二四六○	一分二七	二十○刻七六八二	一分五三
一百七十三日	二十九刻二五八七	一分一四	二十○刻七五二九	一分三八
一百七十四日	二十九刻二七○一	一分○二	二十○刻七三九一	一分二三
一百七十五日	二十九刻二八○三	○分八九	二十○刻七二六八	一分○八
一百七十六日	二十九刻二八九二	○分七七	二十○刻七一六○	○分九三
一百七十七日	二十九刻二九六九	○分六五	二十○刻七○六七	○分七七

一百七十八日	二十九刻三〇三四	〇分五二	二十〇刻六九九〇	〇分六二
一百七十九日	二十九刻三〇八六	〇分三九	二十〇刻六九二九	〇分四六
一百八十日	二十九刻三一二五	〇分二六	二十〇刻六八八二	〇分三二
一百八十一日	二十九刻三一五一	〇分一三	二十〇刻六八五一	〇分一六
一百八十二日	二十九刻三一六四		二十〇刻六八三五	

冬夏二至太陽行度

積日	冬至行度	夏至行度
初日	一度○五分一○八五	九十五分一五一六
一日	一度○五分○五九一	九十五分一九五九
二日	一度○五分○○九六	九十五分二四○五
三日	一度○四分九五九八	九十五分二八五一
四日	一度○四分九○九九	九十五分三三○○
五日	一度○四分八五九七	九十五分三七五○
六日	一度○四分八○九四	九十五分四二○二
七日	一度○四分七五八九	九十五分四六五五

八日	一度○四分七○八二	九十五分五一一○
九日	一度○四分六五七三	九十五分五五六七
十日	一度○四分六○六三	九十五分六○二五
十一日	一度○四分五五五○	九十五分六四八五
十二日	一度○四分五○三六	九十五分六九四六
十三日	一度○四分四五二○	九十五分七四○九
十四日	一度○四分四○○二	九十五分七八七四
十五日	一度○四分三四八二	九十五分八三四○
十六日	一度○四分二九六○	九十五分八八○八
十七日	一度○四分二四三七	九十五分九二七八

十八日	一度○四分一九一一	九十五分九七四九
十九日	一度○四分一三八四	九十六分○二二三
二十日	一度○四分一八五五	九十六分○六九六
二十一日	一度○四分○三三四	九十六分一一七二
二十二日	一度○三分九七九一	九十六分一六五○
二十三日	一度○三分九二五六	九十六分二一二九
二十四日	一度○三分八七一九	九十六分二六一○
二十五日	一度○三分八一八一	九十六分三○九二
二十六日	一度○三分七六四○	九十六分三五七六
二十七日	一度○三分七○九八	九十六分四○六二

二十八日	一度〇三分六五五四	九十六分四五四九
二十九日	一度〇三分六〇〇八	九十六分五〇三八
三十日	一度〇三分五四六〇	九十六分五五二九
三十一日	一度〇三分四九一一	九十六分六〇二一
三十二日	一度〇三分四三五九	九十六分六五一五
三十三日	一度〇三分三八〇六	九九六分七〇一一
三十四日	一度〇三分三二五〇	九十六分七五〇八
三十五日	一度〇三分二六九三	九十六分八〇〇六
三十六日	一度〇三分二一三四	九十六分八五〇七
三十七日	一度〇三分一五七四	九十六分九〇〇九

三十八日	一度○三分一○一一	九十六分九五一二
三十九日	一度○三分○四四六	九十七分○○一七
四十日	一度○二分九八八○	九十七分○五二四
四十一日	一度○二分九三一二	九十七分一○三三
四十二日	一度○二分八七四二	九十七分一五四三
四十三日	一度○二分八一七○	九十七分二○五四
四十四日	一度○二分七五九六	九十七分二五六八
四十五日	一度○二分七○二○	九十七分三○八二
四十六日	一度○二分六四四三	九十七分三五九九
四十七日	一度○二分五八六三	九十七分四一一七

四十八日	一度○二分五二八二	九十七分四六三七
四十九日	一度○二分四六九九	九十七分五一五八
五十日	一度○二分四一一四	九十七分五六八一
五十一日	一度○二分三五二七	九十七分六二○六
五十二日	一度○二分二九三八	九十七分六七三二
五十三日	一度○二分二三四八	九十七分七二六○
五十四日	一度○二分一七五五	九十七分七七八九
五十五日	一度○二分一一六一	九十七分八三二一
五十六日	一度○二分○五六五	九十七分八八五三
五十七日	一度○一分九九六七	九十七分九三八八

五十八日	一度〇一分九三六七	九十七分九九二四
五十九日	一度〇一分八七六五	九十八分〇四六一
六十日	一度〇一分八一六一	九十八分一〇〇〇
六十一日	一度〇一分七五五六	九十八分一五四一
六十二日	一度〇一分六九四九	九十八分二〇八四
六十三日	一度〇一分六三三九	九十八分二六二八
六十四日	一度〇一分五七二八	九十八分三一七三
六十五日	一度〇一分五一一五	九十八分三七二一
六十六日	一度〇一分四五〇一	九十八分四二七〇
六十七日	一度〇一分三八八四	九十八分四八二〇

六十八日	一度○一分三二六六	九十八分五三七二
六十九日	一度○一分二六四五	九十八分五九二六
七十日	一度○一分二○二三	九十八分六四八一
七十一日	一度○一分一三九九	九十八分七○三八
七十二日	一度○一分○七七三	九十八分七五九七
七十三日	一度○一分○一四五	九十八分八一五七
七十四日	一度○○分九五一六	九十八分八七一九
七十五日	一度○○分八八八四	九十八分九二八三
七十六日	一度○○分八六五一	九十八分九八四八
七十七日	一度○○分七六一六	九十九分○四一五

七十八日	一度〇〇分六九七九	九十九分〇九八三
七十九日	一度〇〇分六三四〇	九十九分一五五三
八十日	一度〇〇分五六九九	九十九分二一二五
八十一日	一度〇〇分五〇五六	九十九分二六九八
八十二日	一度〇〇分四四一二	九十九分三二七三
八十三日	一度〇〇分三七六五	九十九分三八四九
八十四日	一度〇〇分三一一七	九十九分四四二七
八十五日	一度〇〇分二四六七	九十九分五〇〇七
八十六日	一度〇〇分一八一五	九十九分五五八八
八十七日	一度〇〇分一一六一	九十九分六一七一

八十八日　一度〇〇分〇五〇五　九十九分六七五六

八十九日　一度〇〇〇〇〇〇〇　九十九分七三四二

九十日　九十九分七九三〇

九十一日　九十九分八五二九

九十二日　九十九分九一一〇

九十三日　九十九分九七〇三

九十四日　一度〇分〇〇〇〇

太陽行定度

八十八日　九十〇度四〇〇九

八十九日　九十一度四〇一四

九十三日　九十〇度五九八九
九十四日　九十一度五九八六

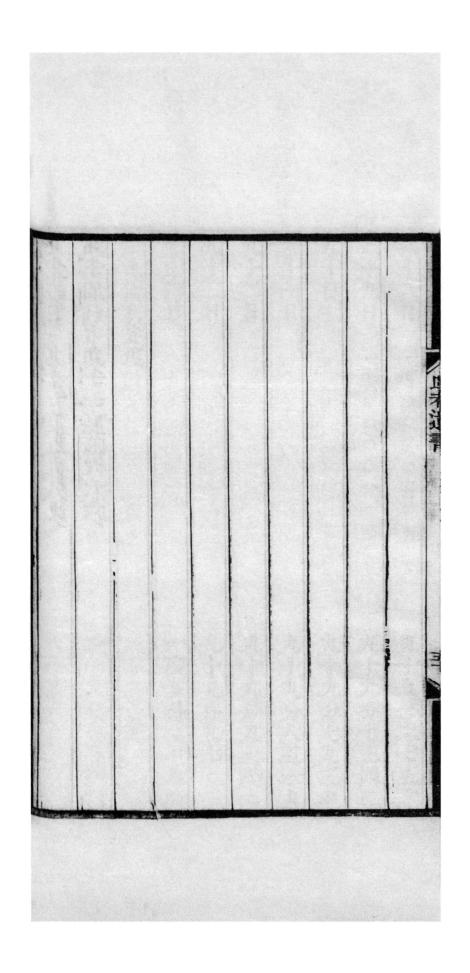

月離轉定度立成

晨昏日	轉定度	加減分	
初日	一十四度六七六四	減一十一分九一	一
一日	一十四度五五七三	減一十五分四四	一十四度六七六四
二日	一十四度四〇二九	減一十八分九九	二十九度二三三七
三日	一十四度二一三〇	減二十二分五三	四十三度六三六六
四日	一十三度九八七七	減二十六分〇六	五十七度八四九六
五日	一十三度七二七一	減二十八分二五	七十一度八三七三
六日	一十三度四四四六	減二十〇分九三	八十五度五五四四
七日	一十三度二三五三	減二十八分七八	九十九度〇〇九〇

八日	一十二度九四七五	減二十五分二七	一百一十二度二四四三
九日	一十二度六九四八	減二十一分七一	一百二十五度一九一八
十日	一十二度四七七七	減二十八分一七	一百三十七度八八六六
十一日	一十二度三九六〇	減二十四分六四	一百五十〇度三六四三
十二日	一十二度一四九六	減二十〇分三四	一百六十二度六六〇三
十三日	一十二度〇四六二	加三分九〇	一百七十四度八〇九九
十四日	一十二度〇八五二	加一十二分七〇	一百八十六度八五六一
十五日	一十二度二一二二	加一十六分三〇	一百九十八度九四一三
十六日	一十二度五七五二	加一十九分七八	一百一十一度一五三五
十七日	一十二度五七三〇	加二十三分三三	一百二十三度五二八七

十八日	一十二度八〇六三	二十六分九〇	二百三十一度一〇一七
十九日	一十三度〇七五三	二十六分二四	二百四十八度九〇八
二十日	一十三度三三七七	二十三分三五	二百六十一度九八三三
二十一日	一十三度五七一二	二十七分九九	二百七十五度三二一
二十二日	一十三度八五一一	二十四分四四	二百八十八度八九二二
二十三日	一十四度〇九五五	二十〇分九一	三百〇二度七四三三
二十四日	一十四度三〇四六	一十七分三六	三百一十六度八三八八
二十五日	一十四度四七八二	一十三分八一	三百三十一度一四三四
二十六日	一十四度六一六三	加閏日不用九分九一	三百四十五度六二一六
二十七日	一十四度七一五四	減閏日不用三分九〇	三百六十〇度二三七九

月離轉積度立成

六七日

晨昏日	相距六日	相距七日
初日	八十五度五六四四	九十九度○○九○
一日	八十四度三三二六	九十七度五六七九
二日	八十三度○一○六	九十五度九五八一
三日	八十一度五五五二	九十四度二五○○
四日	八十○度○三七○	九十二度五一四七
五日	七十八度五二七○	九十○度八二三○
六日	七十七度○九五九	八十九度二四五五

七日	七十五度八○○九	八十七度八四七一
八日	七十四度六一一八	八十六度六九七○
九日	七十三度七四九五	八十五度九六一七
十日	七十三度二六六九	八十五度六四二一
十一日	七十三度一六四四	八十五度七三七四
十二日	七十三度四四一四	八十六度二四七七
十三日	七十四度○九八一	八十七度一七三四
十四日	七十五度一二七二	八十八度四六四九
十五日	七十六度三七九七	八十九度九五○九
十六日	七十七度七三八七	九十一度五八九八

十七日	七十九度二一四六	九十三度三一〇一
十八日	八十〇度七三七一	九十五度〇四一七
十九日	八十二度二三五四	九十六度七一三六
二十日	八十三度六三八三	九十八度二五四六
二十一日	八十四度九一六九	九十九度六三三三
二十二日	八十六度〇六一一	一百〇〇度七三七五
二十三日	八十六度八八六四	一百〇一度四四三七
二十四日	八十七度三四八二	一百〇一度七五一一
二十五日	八十七度四四六五	一百〇一度六五九五
二十六日	八十七度一八一三	一百〇一度一六九〇

二十九日　八十六度五五二七　一百〇〇度二七九八

八九日

晨昏日	相距八日	相距九日
初日	一百一十二度二四四三	一百二十五度一九一八
一日	一百一十〇度五一五四	一百一十三度二一〇二
二日	一百〇八度六五二九	一百二十一度一三〇六
三日	一百〇六度七二七七	一百一十九度〇二三七
四日	一百〇四度八一〇七	一百一十六度九六〇三
五日	一百〇二度九七二六	一百一十五度〇一八八
六日	一百〇一度二一一七	一百一十三度三七六九

七日	九十九度九三二三	一百一十三度一四四五
八日	九十八度九〇九二	一百一十一度二八四四
九日	九十八度三三六九	一百一十〇度九〇九九
十日	九十八度二一五一	一百一十一度〇二一四
十一日	九十八度五四三七	一百一十一度六二九〇
十二日	九十九度三二三〇	一百一十二度六六〇七
十三日	一百〇〇度五二一一	一百一十四度〇八二三
十四日	一百〇二度〇三六一	一百一十五度八八七二
十五日	一百〇三度八〇二〇	一百一十七度八九七五
十六日	一百〇五度六八五三	一百一十九度九八九九

十七日	一百○七度六一四七	一百二十二度○九二九
十八日	一百○九度五一九九	一百二十四度一三六二
十九日	一百一十一度三二九九	一百二十六度○四五三
二十日	一百一十二度九七○○	一百二十七度六四六四
二十一日	一百一十四度三○八七	一百二十八度八六六○
二十二日	一百一十五度二九四八	一百二十九度六九七七
二十三日	一百一十五度八四六六	一百三十○度○五九六
二十四日	一百一十五度九六四一	一百二十九度九五一八
二十五日	一百一十五度六四七二	一百二十九度三七四三
二十六日	一百一十四度八九六一	一百二十八度三四○七

二十七日　一百一十三度七二四四　一百二十六度九五九七

月離閏日轉積度立成

晨昏日	相距六日	相距七日
十八日		
十九日		
二十日		九十八度二五四六
二十一日	八十四度九一六九	九十九度五九三三
二十二日	八十六度〇二三二	一百〇〇度五七九四
二十三日	八十六度七二八三	一百〇一度一三一二
二十四日	八十七度〇三五七	一百〇一度二四八七

二十五日	八十六度九四四一	一百○○度九三一八
二十六日	八十六度四五三六	一百○○度一八○七
二十七日	八十五度五六四四	九十九度○○九○
八九日		
晨昏日		相距九日
十八日		一百二十四度一三六二
十九日	一百一十一度三二九九	一百二十六度○○六三
二十日	一百一十二度九三一○	一百二十七度四八八三
二十一日	一百一十四度二五○六	一百二十八度五五三五
二十二日	一百一十四度九八二三	一百二十九度一九五三

二十三日	一百一十五度三四四二	一百二十九度三三一九
二十四日	一百一十五度二三六四	一百二十八度九六三五
二十五日	一百一十四度六五八九	一百二十八度一〇三五
二十六日	一百一十三度六二五三	一百二十六度八六〇六
二十七日	一百一十二度二四四三	一百二十五度一九一八

五星立成

木星

盈縮積日	加分	積度
初日	一十○分八七○八五二	空
一日	一十○分八一七六一二	○度一十○分八七○八五二
二日	一十○分七六二九五六	○度二十一分六八八四六四
三日	一十○分七○六八八四	○度三十二分四五一四二
四日	一十○分六四九三九六	○度四十三分一五八三○四
五日	一十○分五九○四九二	○度五十三分八○七七
六日	一十○分五三○一七二	○度六十四分三九八一九二
七日	一十○分四六八四三六	○度七十四分九二八三六四

八日	一十〇分四〇五 二八四	〇度八十五分三九六 八
九日	一十〇分三四〇 九一六	〇度九十五分八〇二 〇八四
十日	一十〇分二七四 七三二	一度〇六分一四二 八〇〇
十一日	一十〇分二〇七 三三二	一度一十六分四一七 五三二
十二日	一十〇分一三八 五一六	一度二十六分六二四 八六四
十三日	一十〇分〇六八 二八四	一度三十六分七六三 三八
十四日	九分九十九秒六六 三六	一度四十六分八三一 六六四
十五日	九分九十二秒三五 七二	一度五十六分八二八 三
十六日	九分八十四秒九〇 九二	一度六十六分七五一 八七二
十七日	九分七十七秒三一 九六	一度七十六分六〇〇 九六四
十八日	九分六十九秒五八 八四	一度八十六分三七四 一六

十九日	九分六十一秒七一五六	一度九十六分○七○○四四
二十日	九分五十三秒七○一二	二度○五分六八七二
二十一日	九分四十五秒五四五二	二度一十五分二二四二一二
二十二日	九分三十七秒二四七六	二度二十四分六七九六六四
二十三日	九分二十八秒八○八四	二度三十四分○五二一四○
二十四日	九分二十○秒二二七六	二度四十三分三四○二二四
二十五日	九分一十一秒五○五一	二度五十二分五四二五
二十六日	九分○二秒六四一二	二度六十一分六五七五五二
二十七日	八分九十三秒六三五六	二度七十○分六八三九六四
二十八日	八分八十四秒四八八四	二度七十九分六二○三二
二十九日	八分七十五秒一九九六	二度八十八分四六五二○四

三十日	八分六十五秒	九六九二	二度九十七分	二一七二
三十一日	八分五十六秒	一九七二	三度〇五分	八七四八九二
三十二日	八分四十六秒	四八三六	三度一十四分	四三六八六四
三十三日	八分三十六秒	六二八四	三度二十二分	九〇一七
三十四日	八分二十六秒	六三一六	三度三十一分	二六七九八四
三十五日	八分一十六秒	四九三二	三度三十九分	五三四三
三十六日	八分〇六秒	二一三二	三度四十七分	六九九二三二
三十七日	七分九十五秒	七九一六	三度五十五分	七六一三六四
三十八日	七分八十五秒	二二八四	三度六十三分	七一九二八
三十九日	七分七十四秒	五二三六	三度七十一分	五七一五六四
四十日	七分六十三秒	六七七二	三度七十九分	三一六八

四十一日	七分五十二秒六八九二	三度八十六分九三三五七二
四十二日	七分四十一秒五五九六	三度九十四分四八〇四六四
四十三日	七分三十〇秒二八八四	四度〇一分八九六〇六
四十四日	七分一十八秒八七五六	四度〇九分一九八九四四
四十五日	七分〇七秒三二一二	四度一十六分三八七七
四十六日	六分九十五秒六二五二	四度二十三分四六〇九一二
四十七日	六分八十三秒七八七六	四度三十〇分四一七一六四
四十八日	六分七十一秒八〇八四	四度三十七分二五五〇四
四十九日	六分五十九秒六八七六	四度四十三分九七三一二四
五十日	六分四十七秒四二五二	四度五十〇分五七
五十一日	六分三十五秒〇二一二	四度五十七分〇四四二五二

五十二日	六分二十二秒四七五六	四度六十三分三九四四六四
五十三日	六分〇九秒七八八四	四度六十九分六一九二二
五十四日	五分九十六秒九五九六	四度七十五分七一七一〇四
五十五日	五分八十三秒九八九二	四度八十一分六八六七
五十六日	五分七十〇秒八七七二	四度八十七分五二六五九二
五十七日	五分五十七秒六二三六	四度九十三分二三五三六四
五十八日	五分四十四秒二二八四	四度九十八分八一一六
五十九日	五分三十〇秒六九一六	五度〇四分二五三八八四
六十日	五分一十七秒〇一三二	五度〇九分五六〇八
六十一日	五分〇三秒一九三二	五度一十四分七三〇九三二
六十二日	五分八十九秒二三一六	五度一十九分七六二八六四

六十三日	四分七十五秒 一二八四	五度二十四分 六五五一八
六十四日	四分六十〇秒 八八三六	五度二十九分 四〇六四六四
六十五日	四分四十六秒 四九七二	五度三十四分 〇一五三
六十六日	四分三十一秒 九六六二	五度三十八分 四八〇二七二
六十七日	四分一十七秒 二九九六	五度四十二分 七九九九六四
六十八日	四分〇二秒 四八八四	五度四十六分 九七二九六
六十九日	三分八十七秒 五三五六	五度五十〇分 九九七八四四
七十日	三分七十二秒 四四一二	五度五十四分 八七三二
七十一日	三分五十七秒 二〇五二	五度五十八分 五九七六一二
七十二日	三分四十一秒 八二七六	五度六十二分 一六九六六四
七十三日	三分二十六秒 三〇八四	五度六十五分 五八七九四〇

七十四日	三分一〇秒六四七六	五度六十八分八五一〇二四
七十五日	二分九十四秒八四五二	五度七十一分九五七五
七十六日	二分七十八秒九〇一二	五度七十四分九〇五九五二
七十七日	二分六十二秒八一五六	五度七十七分六九四九六四
七十八日	二分四十六秒五八八四	五度八十〇分三二三一二
七十九日	二分三十〇秒二一九六	五度八十二分七八九〇〇四
八十日	二分一十三秒七〇九二	五度八十五分〇九一二
八十一日	一分九十七秒〇五七二	五度八十七分二二八二九二
八十二日	一分八十〇秒二六三六	五度八十九分一九八八六四
八十三日	一分六十三秒三二八四	五度九十一分〇〇一五
八十四日	一分四十六秒二五一六	五度九十二分六三四七八四

八十五日	一分二十九秒○三三二	五度九十四分○九七三
八十六日	一分一十一秒六七三二	五度九十五分三八七六三二
八十七日	九十四秒一七一六	五度九十六分五○四三六四
八十八日	七十六秒五二八四	五度九十七分四四六○八
八十九日	五十八秒七四三六	五度九十八分二一一三六四
九十日	四十○秒八一七二	五度九十八分七九八八
九十一日	二十二秒七四九二	五度九十九分二○六九七二
九十二日		五度九十九分四三四四六四

木星盈縮一理

火星

盈初積日	加分	積度

初日	八十七分六四八三四六	空
一日	八十五分九九二七七八	○度八十七分六四八三四六
二日	八十四分三四四○二	一度七十三分六四一一二四
三日	八十二分七○二○七二	二度五十七分九八五一四四
四日	八十一分○六六九三四	三度四十○分六八七二一六
五日	七十九分○八三六○六	四度二十一分七五四一五
六日	七十七分八一七○八二	五度○一分一九二七五六
七日	七十六分二○二三八	五度七十九分○○九八四四
八日	七十四分五九四四八二	六度五十五分二一二二二四
九日	七十二分九九三三九四	七度二十九分八○六七○六
十日	七十一分三九九一一六	八度○二分○○

十一日	六十九分八一一六四八	八度七十四分一九九二一六
十二日	六十八分二三〇九九	九度四十四分〇一〇八六四
十三日	六十六分六五七一四二	一十〇度一十二分二四一八五四
十四日	六十五分〇九〇一〇四	一十〇度七十八分八九八九九六
十五日	六十三分五二九八七六	一十一度四十三分九八九
十六日	六十一分九六六四五八	一十二度〇七分五一八九七六
十七日	六十〇分四二九八五	一十二度六十九分四九五四三四
十八日	五十八分八九〇〇五二	一十三度二十九分九二五二八四
十九日	五十七分三五七〇六四	一十三度八十八分八一五三三六
二十日	五十五分八三〇八八六	一十四度四十六分一七二四
二十一日	五十四分三一一五一八	一十五度〇二分〇〇三二八六

曉菴遺書　厤表中冊　六

二十二日	五十二分七九八九六〇	一十五度五十六分三一四八〇四
二十三日	五十一分二九三二一二	一十六度〇九分一一三七六四
二十四日	四十九分七九四二七四	一十六度六十〇分四〇六九七六
二十五日	四十八分三〇二一四六	一十七度一十〇分一〇一二五
二十六日	四十六分八一六八二八	一十七度五十八分五〇三三九六
二十七日	四十五分三三八三二	一十八度〇五分三一〇二二四
二十八日	四十三分八六六六二二	一十八度五十〇分六五八五四四
二十九日	四十二分四〇一七三四	一十八度九十四分五二五一六六
三十日	四十〇分九四三六五六	一十九度三十六分九二六九
三十一日	三十九分四九二三八八	一十九度七十七分八七〇五五六
三十二日	三十八分〇四七九三〇	二十〇度一十七分三六二九四四

三十三日	三十六分六一〇二八二	三十〇度五十五分四一〇八七四
三十四日	三十五分一七九四四四	三十〇度九十二分〇二一一五六
三十五日	三十三分七五五四一六	三十一度二十七分二〇〇六
三十六日	三十二分二三八一九八	三十一度六十〇分九五六〇一六
三十七日	三十〇分九二七七九	三十一度九十三分二九四二一四
三十八日	二十九分五二四一九二	三十二度二十四分二二二〇〇四
三十九日	二十八分一二七四〇四	三十二度五十三分七四六一九六
四十日	二十六分七三七四二七	三十二度八十一分八七三六
四十一日	二十五分三五四二五八	三十三度〇八分六一一〇二六
四十二日	二十三分九七七九	三十三度三十三分九六五二八四
四十三日	二十二分六〇八三五二	二十三度五十七分九四三一八四

曉菴遺書　庥表中冊　七

四十四日	二十一分二四五六一四	二十三度八十〇分五五一五三六
四十五日	一十九分八八九六八七	二十四度〇一分七九八一五
四十六日	一十八分五四〇五六八	二十四度二十一分六八六八三六
四十七日	一十七分一九八二六	二十四度四十〇分二二七四〇四
四十八日	一十五分八六二七六二	二十四度五十七分四二五六六四
四十九日	一十四分五三四〇七四	二十四度七十三分二八八四二六
五十日	一十三分二一二一九六	二十四度八十七分八二二五
五十一日	一十一分八九七一二八	二十五度〇一分〇三四六九六
五十二日	一十〇分五八八八七	二十五度一十二分九三一八二四
五十三日	九分二十八秒七四二二	二十五度二十三分五二〇六六四
五十四日	七分九十九秒二七八四	二十五度三十二分八〇八一一九

五十五日	六分七十〇秒四九五六	二十五度四十〇分八〇〇九
五十六日	五分四十二秒三九三八	二十五度四十七分五〇五八五六
五十七日	四分一十五秒九七三	二十五度五十二分九一九七九四
五十八日	二分八十八秒二三三二	二十五度五十七分〇七九五二四
五十九日	一分六十二秒一七四四	二十五度五十九分九六一八五六
六十日	三十六秒七九六六	二十五度六十一分五八三九
六十一日		二十五度六十一分九五一五六六

火星縮末即盈初

縮初積日	加分	積度
初日	二十九分九四六九一六	空
一日	二十九分八九一五五三	〇度二十九分九四六九一六

二日	二十九分 八四一 二九四	○度五十九分 八三八 四八八
三日	二十九分 七九六 一四二	○度八十九分 六七九 七一二
四日	二十九分 七五六 ○九六	一度一十九分 四七五 九○四
五日	二十九分 七二一 一五六	一度四十九分 二三二
六日	二十九分 六九一 三二二	一度七十八分 九五三 一五六
七日	二十九分 六六六 五九四	二度○八分
八日	二十九分 六四六 九七二	二度三十八分 三一一 ○七二
九日	二十九分 六三二 四五六	二度六十七分 九五八 ○四四
十日	二十九分 六二三 ○四六	二度九十七分 五九○ 五
十一日	二十九分 六一八 七四二	二度二十七分 二一三 五四六
十二日	二十九分 六一九 五四四	三度五十六分 八二二 二八八

十三日	二十九分六二五四五二	三度八十六分四五一八三二
十四日	二十九分六三六四六六	四度一十六分〇七七二八四
十五日	二十九分六二五五八六	四度四十五分七一三七五
十六日	二十九分六七三八一二	四度七十五分三六六三三六
十七日	二十九分七〇〇一四四	五度〇五分
十八日	二十九分七三一五八二	五度三十四分七四〇二九二
十九日	二十九分七六八一二六	五度六十四分四七一八七四
二十日	二十九分八〇九七七六	五度九十四分二四
二十一日	二十九分八五六五三二	六度二十四分〇四九七七六
二十二日	二十九分九〇八三九四	六度五十三分九〇六二〇八
二十三日	二十九分九六五三六二	六度八十三分八一四七〇二

二十四日	三十〇分〇二七四三六	七度一十三分七八〇〇六四
二十五日	三十〇分〇九四六一六	七度四十三分八〇七五
二十六日	三十〇分一六六九〇二	七度七十三分九〇二一一六
二十七日	三十〇分二四四二九四	八度〇四分
二十八日	三十〇分三二六七九二	八度三十四分三一三三一二
二十九日	三十〇分四一四三九六	八度六十四分六四〇一〇四
三十日	三十〇分五〇七一〇六	八度九十五分〇五四五
三十一日	三十〇分六〇四九二二	九度二十五分五六四六〇六
三十二日	三十〇分七〇七八四四	九度五十六分一六六五二八
三十三日	三十〇分八一五八七二	九度八十六分八七四二七二
三十四日	三十〇分九二九〇〇六	一十〇度一十七分六九〇二四四

三十五日	三十〇分〇〇七八五四	一十〇度四十八分六一九二五〇
三十六日	二十八分七八二〇〇八	一十〇度七十八分六二七一〇四
三十七日	二十八分六五三五五六	一十一度〇七分四〇九一四二
三十八日	二十八分五一九九九八	一十一度三十六分〇六二六六八
三十九日	二十八分三八一三三四	一十一度六十四分五八二六六六
四十日	二十八分三三七五六四	一十一度九十二分九六四
四十一日	二十八分〇八八六八八	一十二度二十一分二〇一五六四
四十二日	二十七分九三四七〇六	一十二度四十九分二九〇二五二
四十三日	二十七分七七五六一八	一十二度七十七分二二四九五八
四十四日	二十七分六一一四二四	一十三度〇五分〇〇〇五七六
四十五日	二十七分四四二一二四	一十三度三十二分六一二

四十六日	二十七分	二六七七一八	一十三度六十〇分	〇五四一二四
四十七日	二十七分	〇八八二〇六	一十三度八十七分	三二一八四二
四十八日	二十六分	九〇三五八八	一十四度一十四分	四一〇〇四八
四十九日	二十六分	七一三八六四	一十四度四十一分	三一三六三六
五十日	二十六分	五一九〇三四	一十四度六十八分	〇六七五
五十一日	二十六分	三一九〇九八	一十四度九十四分	五四六五三四
五十二日	二十六分	一一四〇五六	一十五度二十〇分	八六五六三二
五十三日	二十五分	九〇三九〇八	一十五度四十六分	九七九六八八
五十四日	二十五分	六八八六五四	一十五度七十二分	八八三五九六
五十五日	二十五分	四六八二九四	一十五度九十八分	五七二二五
五十六日	二十五分	二四二八二八	一十六度二十四分	〇四〇三四四

五十七日	二十五分○一二二五六	一十六度四十九分二八三三七二
五十八日	二十四分七七六五七八	一十六度七十四分二九五六二八
五十九日	二十四分五三五七九四	一十六度九十九分○七二二○六
六十日	二十四分二八九九○四	一十七度二十三分六○八
六十一日	二十四分○三八九○八	一十七度四十七分八九七九○四
六十二日	二十三分七八二八○六	一十七度七十一分九三六八一二
六十三日	二十三分五二一五九八	一十七度九十五分七一九六一八
六十四日	二十三分二五五二八四	一十八度一十九分二四一二一六
六十五日	二十二分九八三八六四	一十八度四十二分四九六五
六十六日	二十二分七○七三三八	一十八度六十五分四八○三六四
六十七日	二十二分四二五七○六	一十八度八十八分一七七七○一

六十八日	二十二分一三八 九六八	一十九度一十〇分六一三 四〇八
六十九日	二十一分八四七 一二四	一十九度三十二分七五二 三七六
七十日	二十一分五五〇 一七四	一十九度五十四分五九九 五
七十一日	二十一分一四八 一一八	一十九度七十六分一四九 六七四
七十二日	二十〇分九四〇 九五六	一十九度九十七分三九七 七九二
七十三日	二十〇分六二八 六八八	二十〇度一十八分三三八 七四八
七十四日	二十〇分三一一 三一四	二十〇度三十八分九六七 四三六
七十五日	一十九分九八八 八三四	二十〇度五十九分二七八 七五
七十六日	一十九分六六一 二四八	二十〇度七十九分二六七 五八四
七十七日	一十九分三二八 五五六	二十〇度九十八分九二八 八三二
七十八日	一十八分九九〇 七六八	二十一度八十八分二五七 三八

七十九日	一十八分六四七八五四	二十一度三十七分二四八一四六
八十日	一十八分二九九八四四	二十一度五十三分八九六
八十一日	一十七分九四六七二八	二十一度七十四分一九五八四四
八十二日	一十七分五八八五〇六	二十一度九十二分一四二五七二
八十三日	一十七分二二五一七八	二十二度〇九分七三一〇七八
八十四日	一十六分八五六七四四	二十二度二十六分九五六二五六
八十五日	一十六分四八三一〇四	二十二度四十三分八一三
八十六日	一十六分一〇四五五八	二十二度六十〇分二九六二〇四
八十七日	一十五分七二〇八〇六	二十二度七十六分四〇〇七六二
八十八日	一十五分三三一九四八	二十二度九十二分一二一五六八
八十九日	一十四分九三七九八四	二十三度〇七分四五三五一六

九十日	一十四分五三八九一四	二十三度二十二分三九一五
九十一日	一十四分一三四七三八	二十三度三十六分九三〇四一四
九十二日	一十三分七二五四五六	二十三度五十一分〇六五一五二
九十三日	一十三分三一一〇六八	二十三度六十四分七九〇六〇八
九十四日	一十二分八九一五七四	二十三度七十八分一〇一六七六
九十五日	一十二分四六六九七四	二十三度九十〇分九九三二五
九十六日	一十二分〇三七二九八	二十四度〇三分四六〇二二四
九十七日	一十一分六〇二四五六	二十四度一十五分四九七四九二
九十八日	一十一分一六二三五八	二十四度二十七分〇九九九四八
九十九日	一十〇分七一七五一四	二十四度三十八分二六二四八六
一百日	一十〇分二六七三八四	二十四度四十八分九八

百一日	九分八十一秒七一四八	二十四度五十九分二四七三八四
百二日	九分三十五秒一八○六	二十四度六十九分○五九五三二
百三日	八分八十八秒六三五八	二十四度七十八分四一一三三八
百四日	八分四十一秒五八○四	二十四度八十七分二九七六九六
百五日	七分九十四秒○一四四	二十四度九十五分七一三五
百六日	七分四十五秒九三七八	二十五度○三分六五三六四四
百七日	六分九十七秒三五○六	二十五度一十一分一一三○二二
百八日	六分四十八秒二五二八	二十五度一十八分○八六五二八
百九日	五分九十八秒六四四四	二十五度二十四分五六九○五六
百十日	五分四十八秒五二五四	二十五度三十○分五五五五○○
百十一日	四分九十七秒八九五八	二十五度三十六分○四○七五四

百十二日	四分四十六秒	七五　五六	二十五度四十一分	〇一九　七一二
百十三日	三分九十五秒	一〇　四八	二十五度四十五分	四八七　二六八
百十四日	三分四十二秒	九四　三四	二十五度四十九分	四三八　三一六
百十五日	二分九十〇秒	二七　一四	二十五度五十二分	八六七　七五
百十六日	二分三十七秒	〇八　八八	二十五度五十五分	七七〇　四六四
百十七日	一分八十三秒	三九　五六	二十五度五十八分	一四一　三五二
百十八日	一分二十九秒	一九　一八	二十五度五十九分	九七五　三〇八
百十九日	一分七十四秒	四七　七四	二十五度六十一分	二六七　二二六
百二十日	一分一十九秒	二五　二四	二十五度六十二分	〇一二
百二十一日	一分二十九秒	二一　二六	二十五度六十二分	二〇四　五四四
百二十二日			二十五度六十〇分	九一二　三九八

火星盈末即縮初

土星

盈積日	加分	積度
初日	一十五分	空
一日	一十五分○二二○五三	○度一十五分一○四七九五
二日	一十四分九三五六一三	○度三十分一二五八四八
三日	一十四分八四八四七五	○度四十五分○六一四六一
四日	一十四分七五九六三九	○度五十九分九○九九三六
五日	一十四分六六九一○五	○度七十四分六六九五七五
六日	一十四分五七六八七三	○度八十九分三三八六八○
七日	一十四分四八二九四三	一度○三分九一五五五三

八日	一十四分三八七三一五	一度一十八分三九八四九六
九日	一十四分二八九九八九	一度三十二分七八五八一一
十日	一十四分一九〇九六五	一度四十七分〇七五八
十一日	一十四分〇九〇二四三	一度六十一分二六六七六五
十二日	一十三分九八七八二三	一度七十五分三五七〇〇八
十三日	一十三分八八三七〇五	一度八十九分三四四八三一
十四日	一十三分七七七八八九	二度〇三分二八五三七
十五日	一十三分六七〇三七五	二度一十七分〇〇六四二五
十六日	一十三分五六一一六三	二度三十〇分六七六八
十七日	一十三分四五〇二五三	二度四十四分二三七九六三
十八日	一十三分三三七六四五	二度五十七分六八八二一六

十九日	一十三分	二二三 三三九	二度七十一分	〇二五 八六一
二十日	一十三分	一〇七 二三五	二度八十四分	二四九 二
二十一日	一十二分	九八九 六三三	二度九十七分	三五六 五三五
二十二日	一十二分	八七〇 二三三	三度一十〇分	三四六 一六八
二十三日	一十二分	七四九 一三五	三度二十三分	二一六 四〇一
二十四日	一十二分	六二六 三三九	三度三十五分	九六五 五三六
二十五日	一十二分	五〇八 四五	三度四十八分	五九一 八七五
二十六日	一十二分	三七五 六五三	三度六十一分	〇九三 七五
二十七日	一十二分	二四七 七六三	三度七十三分	四六九 三七三
二十八日	一十二分	一一八 一七五	三度八十五分	七一七 一三六
二十九日	一十一分	九八六 八八九	三度九十七分	八三五 三一一

三十日	一十一分八五三九〇五	四度〇九分八二二二
三十一日	一十一分七一九二二三	四度二十一分六七六一〇五
三十二日	一十一分九八二八四三	四度三十三分三九五三二八
三十三日	一十一分四四四七六五	四度四十四分九七八一七一
三十四日	一十一分三〇四九八九	四度五十六分四二二九三六
三十五日	一十一分一六三五一五	四度六十七分七二七九二五
三十六日	一十一分〇二〇三四三	四度七十八分八九一四四〇
三十七日	一十〇分八七五四七三	四度八十九分九一一七八三
三十八日	一十〇分七二八九〇五	五度〇十〇分七八七二五六
三十九日	一十〇分五八〇六三九	五度一十一分五一六一六一
四十日	一十〇分四三〇六七五	五度二十二分〇九六八

四十一日	一十〇分 二七九 〇一三	五度三十二分 五二七 四七五
四十二日	一十〇分 二五 六五三	五度四十二分 八〇六 四八八
四十三日	九分九十七秒 〇五 九五	五度五十二分 九三二 一四一
四十四日	九分八十一秒 三八 三九	五度六十二分 九〇二 七三六
四十五日	九分六十五秒 五三 八五	五度七十二分 七一六 五七五
四十六日	九分四十九秒 五二 三三	五度八十二分 三七一 九六
四十七日	九分三十三秒 三三 八三	五度九十一分 八六七 一九三
四十八日	九分一十六秒 九八 三五	六度〇一分 二〇〇 五七六
四十九日	九分〇十〇秒 四五 八九	六度一十〇分 三七〇 四一一
五十日	八分八十三秒 七六 四五	六度一十九分 三七五
五十一日	八分六十六秒 九〇 〇三	六度二十八分 二一二 六四五

五十二日	八分四十九秒八六六三	六度三十六分八八一六四八
五十三日	八分三十二秒六六二五	六度四十五分三八〇三一一
五十四日	八分一十五秒二八八九	六度五十三分七〇六九三六
五十五日	七分九十七秒七四五五	六度六十一分八三九八二五
五十六日	七分八十〇秒〇三二三	六度六十九分八三七二八〇
五十七日	七分六十二秒一四九三	六度七十七分六三七六〇三
五十八日	七分四十四秒〇九六五	六度八十五分二五九〇九六
五十九日	七分二十五秒八七三九	六度九十二分七〇〇〇六一
六十日	七分〇七秒四八一五	六度九十九分九五八八
六十一日	六分八十八秒九一九三	七度〇七分〇三三六二五
六十二日	六分七十〇秒一八七三	七度一十三分九二二八〇八

六十三日	六分五十一秒	二八五五	七度二十〇分	六二四六八一
六十四日	六分三十二秒	二一三九	七度二十七分	一三七五三六
六十五日	六分一十二秒	九七二五	七度三十三分	四五九六七五
六十六日	五分九十三秒	五六一三	七度三十九分	五八九四
六十七日	五分七十三秒	九八〇三	七度四十五分	五二五〇一三
六十八日	五分五十四秒	二二九五	七度五十一分	二六四八一六
六十九日	五分三十四秒	三〇八九	七度五十六分	八〇七一一一
七十日	五分一十四秒	二二八五	七度六十二分	一五〇二
七十一日	四分九十三秒	九五八三	七度六十七分	二九二三八五
七十二日	四分七十三秒	五一八三	七度七十二分	二三一九六八
七十三日	四分五十二秒	九二八五	七度七十六分	九六七二五一

七十四日	四分三十二秒一五八九	七度八十一分四九六五三六
七十五日	四分一十一秒二一九五	七度八十五分八一八一二五
七十六日	三分九十〇秒一一〇三	七度八十九分九三〇三二
七十七日	三分六十八秒八三一三	七度九十三分八三一四二三
七十八日	三分四十七秒三八二五	七度九十七分五一九七三六
七十九日	三分一十五秒七六三九	八度〇十〇分九九三五六一
八十日	三分〇三秒九七五五	八度〇四分二五一二
八十一日	二分八十二秒〇一七三	八度〇七分二九〇九五五
八十二日	二分五十九秒八八九三	八度一十〇分一一一一二八
八十三日	二分三十七秒五九一五	八度一十二分七一〇〇二一
八十四日	二分一十五秒一二三九	八度一十五分〇八五九三六

八十五日	一分九十二秒 四八 六五	八度一十七分 二三七 一七五
八十六日	一分六十九秒 六七 九三	八度一十九分 一六二 ○四○
八十七日	一分四十六秒 七○ 二三	八度二十○分 八五八 八三三
八十八日	一分二十三秒 五五 五五	八度二十二分 三二五 八五六
八十九日	一分○十○秒 二三 八九	八度二十三分 五六一 四一一
九十日	七十六秒 七五 二五	八度二十四分 五六三 八
九十一日	五十三秒 ○九 六三	八度二十五分
九十二日		八度二十五分

土星盈度無初末之別

縮積日	加分	積度
初日	一十一分 ○○二 ○四五	空

一日	一十○分九六九八○五	○度一十一分○○二○四三
二日	一十○分九三五五八一	○度二十一分九七一八四八
三日	一十○分八九九三九一	○度三十二分九○七四二九
四日	一十○分八六一一七五	○度四十三分八○六八
五日	一十○分八二○九九三	○度五十四分六六七九七五
六日	一十○分七七八八二五	○度六十五分四八八九六八
七日	一十○分七三四六七一	○度七十六分二六七七九三
八日	一十○分六八八五三一	○度八十七分○○二四六四
九日	一十○分六四○四○五	○度九十七分六九○九九五
十日	一十○分五九○四九三	一度○八分三三一四
十一日	一十○分五三八一九五	一度一十八分九二一六九三

十二日	一十○分四八四一一一	一度二十九分四五九八八八
十三日	一十○分四二八○四一	一度三十九分九四三九九九
十四日	一十○分三六九九八五	一度二十○分三七二○四
十五日	一十○分三○九九四三	一度六十○分七四二○二五
十六日	一十○分二四七九一五	一度七十一分○五一九六八
十七日	一十○分一八三九○一	一度八十一分二九九八八三
十八日	一十○分一一七九○一	一度九十一分四八三七八四
十九日	一十○分○四九九一五	二度○一分六○一六八五
二十日	九分九十七秒九九四三	二度一十一分六五六
二十一日	九分九十○秒七九八五	二度二十一分六三一五四三
二十二日	九分八十三秒四○四一	二度三十一分五三九五二八

二十三日	九分七十五秒八一一一	二度四十一分三七三五六九
二十四日	九分六十八秒○一九五	二度五十一分一三一六八
二十五日	九分六十○秒○二九三	二度六十○分八一一八七五
二十六日	九分五十一秒八四○五	二度七十○分四一一一六八
二十七日	九分四十三秒四五三一	二度七十九分九三○五七三
二十八日	九分三十四秒八四七一	二度八十九分三六五一○四
二十九日	九分二十六秒○八二五	二度九十八分七一三七七五
三十日	九分一十七秒○九九三	三度○七分九七四六
三十一日	九分○七秒九一七五	三度一十七分一四五五九三
三十二日	八分九十八秒五二七二	三度二十六分二二四七六八
三十三日	八分八十八秒九五八一	三度三十五分二一○○三九

三十四日	八分七十九秒 一八 ○五	三度四十四分 ○九九 九七二
三十五日	八分六十九秒 一○ 四三	三度五十二分 八九一 五二五
三十六日	八分五十九秒 ○二 九五	三度六十一分 五八三 五六八
三十七日	八分四十八秒 六五 六一	三度七十○分 一七三 八六三
三十八日	八分三十八秒 ○八 四一	三度七十八分 六六○ 四二四
三十九日	八分二十七秒 三一 三五	三度八十七分 ○四一 二六五
四十日	八分一十六秒 三四 四三	三度九十五分 三一四 四
四十一日	八分○五秒 一七 六五	四度○三分 四七七 八四三
四十二日	七分九十三秒 八一 ○一	四度一十一分 五二九 六○八
四十三日	七分八十二秒 二四 五一	四度一十九分 四六七 七○九
四十四日	七分七十○秒 四八 一五	四度二十七分 二九○ 一六

四十五日	七分五十八秒五一九三	四度三十四分九九四九七五
四十六日	七分四十六秒二五八五	四度四十二分五八〇一六八
四十七日	七分三十三秒九九九一	四度五十〇分〇四三七五三
四十八日	七分二十一秒四四一一	四度五十七分三八三七四四
四十九日	七分〇八秒六八四五	四度六十四分五九八一五五
五十日	六分九十五秒七二九三	四度七十一分六八五
五十一日	六分八十二秒五七五五	四度七十八分六四三二九三
五十二日	六分六十九秒二二三一	四度八十五分四六八〇四八
五十三日	六分五十五秒六七二七	四度九十二分一六〇二七九
五十四日	六分四十一秒九二二五	四度九十八分七一七
五十五日	六分二十七秒九七四三	五度〇五分一三六二二五

五十六日	六分一十三秒八一七五	五度一十一分四一五九六八
五十七日	五分九十九秒四八二一	五度一十一分五五四二四三
五十八日	五分八十四秒九三八一	五度二十三分五四九〇六四
五十九日	五分七十〇秒一九五五	五度二十九分三九八四四五
六十日	五分五十五秒二五四三	五度三十五分一〇〇四
六十一日	五分四十〇秒一一四五	五度四十〇分六五二九四三
六十二日	五分二十四秒七七六一	五度四十六分〇九四〇八八
六十三日	五分〇九秒二三九一	五度五十一分三〇一八四九
六十四日	四分九十三秒五〇三五	五度五十六分三九四二四
六十五日	四分七十七秒五六九三	五度六十一分三二九二七五
六十六日	四分六十一秒七三六五	五度六十六分一〇四九六八

六十七日	四分四十五秒一〇五一	五度七十〇分七一九三三三
六十八日	四分二十八秒五七五一	五度七十五分一七〇三八四
六十九日	四分一十一秒八四六五	五度七十九分四五六一三五
七十日	三分九十四秒九一九三	五度八十三分五七四六
七十一日	三分七十七秒七五三五	五度八十七分五二三七九三
七十二日	三分六十〇秒四六九一	五度九十一分三〇一七二八
七十三日	三分四十二秒九四六一	五度九十四分九〇六四一九
七十四日	三分二十五秒二二四五	五度九十八分三三五八八
七十五日	三分〇七秒三〇四五	六度〇一分五八八一二五
七十六日	二分八十九秒一八五五	六度〇四分六六一一六八
七十七日	二分七十〇秒八六八一	六度〇七分五五三〇二三

七十八日	二分五十二秒 三五 二一	六度一十〇分 二六一 七〇四
七十九日	二分三十三秒 六三 七五	六度一十二分 七八五 二二五
八十日	二分一十四秒 七二 四三	六度一十五分 一二一 六
八十一日	一分九十五秒 六一 二五	六度一十七分 二六八 八四三
八十二日	一分七十六秒 三〇 二一	六度一十九分 二二四 九六八
八十三日	一分五十六秒 七九 三一	六度二十〇分 九八七 九八九
八十四日	一分三十七秒 〇八 五五	六度二十二分 五五五 九二
八十五日	一分一十七秒 一七 九三	六度二十三分 九二六 七七五
八十六日	九十七秒 〇七 四五	六度二十五分 〇九八 五六八
八十七日	七十六秒 七七 一一	六度二十六分 〇六九 三一三
八十八日	五十六秒 二六 九一	六度二十六分 八三七 〇二四

八十九日　三十五秒五六八五　六度二十七分三九九七一五

九十日　一十四秒六六九三　六度二十一分七五五四

九十一日　六秒四二八五　六度二十七分九〇二〇九三

九十二日　六度二十七分八三七八〇八

土星縮度亦無初末

金星

盈縮積日	加分	積度
初日	三分五十一秒五三五六	空
一日	三分五十一秒四五〇四	〇度〇三分五一五三五六
二日	三分五十一秒二八〇六	〇度〇七分〇二九八六〇
三日	三分五十一秒〇二六二	〇度一十〇分五四二六六六

四日	三分五十○秒	六八 七二	○度一十四分	○五二 九二八
五日	三分五十○秒	二六 三六	○度一十七分	五五九 八
六日	三分四十九秒	七五 五四	○度二十一分	○六二 四三六
七日	三分四十九秒	一六 二六	○度二十四分	五五九 九九○
八日	三分四十八秒	四八 五二	○度二十八分	○五一 六一六
九日	三分四十七秒	七二 二二	○度三十一分	五三六 四六八
十日	三分四十六秒	八七 六六	○度三十五分	○一三 七
十一日	三分四十五秒	九四 五四	○度三十八分	四八二 四六六
十二日	三分四十四秒	九二 九六	○度四十一分	九四一 九二
十三日	三分四十三秒	八二 九二	○度四十五分	三九一 二一六
十四日	三分四十二秒	六四 四二	○度四十八分	八二九 五○八

十五日	三分四十一秒三七四六	○度五十二分二五五九五
十六日	三分四十○秒○二○四	○度五十五分六六九六九六
十七日	三分三十八秒五八一六	○度五十九分○六九九○○
十八日	三分三十七秒○五八二	○度六十九分四五五七一六
十九日	三分三十五秒四五○二	○度六十五分八二六二九八
二十日	三分三十三秒七五七六	○度六十九分一八○八
二十一日	三分三十一秒九八○四	○度七十二分五一八三七六
二十二日	三分三十○秒一一八六	○度七十五分八三八一八
二十三日	三分二十八秒一七二二	○度七十九分一三九三六六
二十四日	三分二十六秒一四一二	○度八十二分四二一○八八
二十五日	三分二十四秒○二五六	○度八十五分六八二五

二十六日	三分二十一秒八二五四	○度八十八分九二二七五六
二十七日	三分一十九秒五四○六	○度九十二分一四一○一
二十八日	三分一十七秒一七一二	○度九十五分三三六四一六
二十九日	三分一十四秒七一七二	○度九十八分五○八一二八
三十日	三分一十二秒二七八六	一度○一分六五五三
三十一日	三分○九秒五五五四	一度○四分七七七○八六
三十二日	三分○六秒八四七六	一度○七分八七二六四
三十三日	三分○四秒○五五二	一度一十○分九四一一一六
三十四日	三分○一秒一七八二	一度一十三分九八一六六八
三十五日	二分九十八秒二一六六	一度一十六分九九三四五
三十六日	二分九十五秒一七○四	一度一十九分九七三六一六

三十七日	二分九十二秒○三九六	一度二十二分九二七三二
三十八日	二分八十八秒八二四三	一度二十五分八四七七一六
三十九日	二分八十五秒五二四二	一度二十八分七三五九五八
四十日	二分八十二秒一三九六	一度三十一分五九一二
四十一日	二分七十八秒六七○四	一度三十四分四一二五九六
四十二日	二分七十五秒一一六六	一度三十七分一九九三
四十三日	二分七十一秒四七八二	一度三十九分九五四六六
四十四日	二分六十七秒七五五二	一度四十二分六六五二四八
四十五日	二分六十三秒九四七六	一度四十五分三四二八
四十六日	二分六十○秒○五五四	一度四十七分九八二二七六
四十七日	二分五十六秒○七八六	一度五十○分五八二八三

四十八日	二分五十二秒〇一七二	一度五十三分一四三六一六
四十九日	二分四十七秒八七一二	一度五十五分六六三七八八
五十日	二分四十三秒六四〇六	一度五十八分一四二五
五十一日	二分三十九秒三二五四	一度六十〇分五七八九〇六
五十二日	二分三十四秒九二五六	一度六十二分九七二一六
五十三日	二分三十〇秒四四一二	一度六十五分三二一四一六
五十四日	二分二十五秒八七二二	一度六十七分六二五八二八
五十五日	二分二十一秒二一八六	一度六十九分八八四五五
五十六日	二分一十六秒四八〇四	一度七十二分〇九六七三六
五十七日	二分一十一秒六五七六	一度七十四分二六一五四
五十八日	二分〇六秒七五〇二	一度七十六分三七八一一六

五十九日	二分〇一秒七五八二	一度七十八分四四五六一八
六十日	一分九十六秒六八二六	一度八十〇分四六三二
六十一日	一分九十一秒五六〇四	一度八十二分四三〇〇一六
六十二日	一分八十六秒二七四六	一度八十四分三四五二二
六十三日	一分八十〇秒九四四二	一度八十六分二〇七九六六
六十四日	一分九十五秒五二九二	一度八十八分〇一七四〇八
六十五日	一分七十〇秒〇二九六	一度八十九分七七二七
六十六日	一分六十四秒四四五四	一度九十一分四七二九九六
六十七日	一分五十八秒七七六六	一度九十三分一一七四五
六十八日	一分五十三秒〇二五二	一度九十四分七〇五二一六
六十九日	一分四十七秒一八五二	一度九十九分二三五四四八

七十日	一分四十一秒 二六 二六	一度九十七分 七〇七 三
七十一日	一分三十五秒 二五 五四	一度九十九分 一一九 九二六
七十二日	一分二十九秒 一六 三六	二度〇十〇分 四七二 四八
七十三日	一分二十二秒 九八 七二	二度〇一分 七六四 一一六
七十四日	一分一十六秒 七二 六二	二度〇二分 九九三 九八八
七十五日	一分一十〇秒 三八 〇六	二度〇四分 一六一 二五
七十六日	一分〇三秒 九五 〇四	二度〇五分 二六五 〇五六
七十七日	九十七秒 四三 五六	二度〇六分 三〇四 五六〇
七十八日	九十〇秒 八三 六二	二度〇七分 二七八 九一六
七十九日	八十四秒 一五 二二	二度〇八分 一八七 二七八
八十日	七十七秒 三八 三六	二度〇九分 〇二八 八

八十一日	七十秒五三○四	二度○九分八○二六三六
八十二日	六十三秒五九二六	二度一十分五○七九四○
八十三日	五十六秒五七○六	二度一十一分一四三八六六
八十四日	四十九秒四六三二	二度一十一分七○九五六八
八十五日	四十二秒二七一六	二度一十二分二○四一○○
八十六日	三十四秒九九五四	二度一十二分六二二九一六
八十七日	二十七秒六三四六	二度一十二分九七六八七○
八十八日	二十秒一八九三	二度一十三分二五三二一六
八十九日	二十二秒六五九二	二度一十三分四五五一○八
九十日	五秒○四○六	二度一十三分五八一七○○
九十一日	二秒六五四六	二度一十三分六三二一四六

九十二日　二度一十三分六〇五六〇〇

金星盈縮一理

水星

盈縮積日	加分	積度
初日	三分八十七秒四六九四	空
一日	三分八十六秒九五一八	○度○二分八七四六九四
二日	三分八十六秒三四九六	○度○七分七四四二一二
三日	三分八十五秒六六二八	○度一十一分六〇七七〇八
四日	三分八十四秒八九一四	○度一十五分四六四三三六
五日	三分八十四秒〇三五四	○度一十九分三一三二五
六日	三分八十三秒〇九四八	○度二十三分一五三六〇四

七日	三分八十二秒○六九六	○度二十六分九八四五五二
八日	三分八十○秒九五九八	○度三十○分八○五二四八
九日	三分七十九秒七六五四	○度三十四分六一四八四六
十日	三分七十八秒四八六四	○度三十八分四一二五
十一日	三分七十七秒一二二八	○度四十二分一九七三六四
十二日	三分七十五秒六七四六	○度四十五分九六八五九二
十三日	三分七十四秒一四一八	○度四十九分七二五三三八
十四日	三分七十二秒五二四四	○度五十三分四六六七五六
十五日	三分七十○秒八二二四	○度五十七分一九二
十六日	三分六十九秒○三五八	○度六十○分九○○二二四
十七日	三分六十七秒一六四六	○度六十四分五九○五八二

十八日	三分六十五秒二〇八八	〇度六十八分二六三二二八
十九日	三分六十三秒一六八四	〇度七十一分九一四三一六
二十日	三分六十一秒〇四三四	〇度七十五分五四六
二十一日	三分五十八秒八三三八	〇度七十九分一五六四三四
二十二日	三分五十六秒五三九六	〇度八十二分七四四七七二
二十三日	三分五十四秒一六〇八	〇度八十六分三一〇一六八
二十四日	三分五十一秒六九七四	〇度八十九分八五一七七六
二十五日	三分四十九秒一四九四	〇度九十三分二六八七五
二十六日	三分四十六秒五一六八	〇度九十六分八六〇二四四
二十七日	三分四十三秒七九九六	一度〇十〇分三二五四一二
二十八日	三分四十〇秒九九七八	一度〇三分七六三四〇八

二十九日	三分三十八秒一一一四	一度○七分一七三三八六
三十日	三分三十五秒一四○四	一度一十○分五五四五
三十一日	三分三十二秒○八四八	一度一十三分九○五九○四
三十二日	三分二十八秒九四四六	一度一十七分二二六七五二
三十三日	三分二十五秒七一九八	一度二十○分五一六一九八
三十四日	三分二十二秒四一○四	一度二十三分七七三三九六
三十五日	三分一十九秒○一六四	一度二十六分九九七五
三十六日	三分一十五秒五三七八	一度三十○分一八七六六四
三十七日	三分一十一秒九七四六	一度三十三分三四三○四二
三十八日	三分○八秒三二六八	一度三十六分四六二七八八
三十九日	三分○四秒五九四四	一度三十九分五四六○五六

四十日	三分〇十〇秒	七七七四	一度四十二分	五九二
四十一日	二分九十六秒	八七五八	一度四十五分	五九九七七四
四十二日	二分九十二秒	八八九六	一度四十八分	五六八五三二
四十三日	二分八十八秒	八一八八	一度五十一分	四九七四二八
四十四日	二分八十四秒	六六三四	一度五十四分	三八五六一六
四十五日	二分八十〇秒	四二三四	一度五十七分	二三二二五
四十六日	二分七十六秒	〇九八八	一度六十〇分	〇三六四八四
四十七日	二分七十一秒	六八九六	一度六十二分	七九七四七二
四十八日	二分六十七秒	一九五八	一度六十五分	五一四二六八
四十九日	二分六十二秒	六一七四	一度六十八分	一八六三二六
五十日	二分五十七秒	九五四四	一度七十〇分	八一二五

五十一日	二分五十三秒二〇六八	一度七十三分三九二〇四四
五十二日	二分四十八秒三七四六	一度七十五分九二四一一二
五十三日	二分四十三秒四五七八	一度七十八分四〇七八五八
五十四日	二分三十八秒四五六四	一度八十〇分八四二四三六
五十五日	二分三十三秒三七〇四	一度八十三分二二七〇〇〇
五十六日	二分二十八秒一九九八	一度八十五分五六〇七〇四
五十七日	二分二十二秒九四四六	一度八十七分八四二七〇二
五十八日	二分一十七秒六〇四八	一度九十〇分〇七二一四八
五十九日	二分一十二秒一八〇四	一度九十二分二四八一九六
六十日	二分〇六秒六七一四	一度九十四分三七〇〇〇〇
六十一日	二分〇一秒〇七七八	一度九十六分四三六七一四

六十二日	一分九十五秒三九九六	一度九十八分四四七四九二
六十三日	一分八十九秒六三六八	二度〇十〇分四〇一四八八
六十四日	一分八十三秒七八九四	二度〇二分二九七八五六
六十五日	一分七十七秒八五七四	二度〇四分一二五七五一
六十六日	一分七十一秒八四〇八	二度〇五分九一四三二四
六十七日	一分六十五秒七三九六	二度〇七分六三二七三二
六十八日	一分五十九秒五五三八	二度〇九分二九〇一二八
六十九日	一分五十三秒二八三四	二度一十〇分八八五六六六
七十日	一分四十六秒九二八四	二度一十二分四一八五
七十一日	一分四十〇秒四八八八	二度一十三分八八七七八四
七十二日	一分三十三秒九六四六	二度一十五分二九六六七二

七十三日	一分二十七秒三五五八	二度一十六分六三二三一八
七十四日	一分二十〇秒六六二四	二度一十七分九〇五八七六
七十五日	一分一十三秒八八四四	二度一十九分一一二五
七十六日	一分〇七秒〇二一八	二度二十〇分二五一三四四
七十七日	一分一十〇秒〇七四六	二度二十一分三二一五六二
七十八日	九十三秒〇四二八	二度二十二分三二二三〇八
七十九日	八十五秒九二六四	二度二十三分二五二七二六
八十日	七十八秒七二五四	二度二十四分一一三
八十一日	七十一秒四三九八	二度二十四分八九九二四四
八十二日	六十四秒〇六九六	二度二十五分六一三六五二
八十三日	五十六秒六一四八	二度二十六分二五四三四八

八十四日	四十九秒〇七五四	二度二十六分八二〇四九六
八十五日	四十一秒四五一四	二度二十七分三一一二五
八十六日	三十三秒七四二八	二度二十七分七二五七六四
八十七日	二十五秒九四九六	二度二十八分〇六三一九四
八十八日	一十八秒〇七一八	二度二十八分三二二六八八
八十九日	一十〇秒一〇九四	二度二十八分五〇三四〇六
九十日	二秒〇六二四	二度二十八分六〇四五
九十一日	六秒〇六九二	二度二十八分六二五一二四
九十二日		二度二十八分五六四四三二

水星盈縮一理

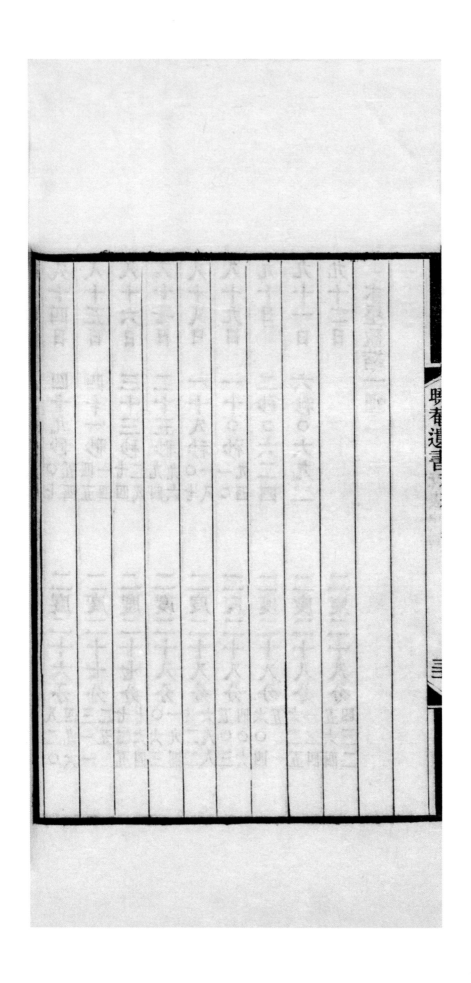

五星段目立成

木星

日數

段目	中星總日	段日分
合伏	一十六日八十六刻	一十六日八十六刻
晨疾初	四十四日八十六刻	二十八日
晨疾末	七十二日八十六刻	二十八日
晨遲初	一百〇十〇日八六	二十八日
晨遲末	一百二十八日八六	二十八日
晨留	一百五十二日八六	二十四日
晨退	一百九十九日四四	四十六日五十八刻

夕退	二百四十六日〇二	四十六日五十八刻
夕留	二百七十〇日〇二	二十四日
夕遲初	二百九十八日〇二	二十八日
夕遲末	三百二十六日〇二	二十八日
夕疾初	三百五十四日〇二	二十八日
夕疾末	三百八十二日〇二	二十八日
夕伏	三百九十八日八八	一十六日八十六刻

中星度

段目	中星總度	平度分	初行率
合伏	三度八十六分	加三度八十六分	減二十三分
晨疾初	九度九十七分	六度一十一分	

晨疾末	一十五度四十八分	五度五十一分
晨遲初	一十九度七十九分	四度三十一分
晨遲末	二十一度七十〇分	一度九十一分
晨留		
晨退	一十六度八一八七五	減四度八八一二五
夕退	一十一度九三七五	四度八八一二五　加一十六分
夕留		
夕遲初	一十三度八四七五	加一度九十一分　減空
夕遲末	一十八度一五七五	加四度三十一分　減一十二分
夕疾初	二十三度六六七五	
夕疾末	二十九度七七七五	

夕伏	三十三度六三七五	

盈縮度

段目	盈縮總度	限度分
合伏	二度九十三分	二度九十三分
晨疾初	七度五十七分	四度六十四分
晨疾末	一十一度七十六分	四度一十九分
晨遲初	一十五度○四分	三度二十八分
晨遲末	一十六度四十九分	一度四十五分
晨留		
晨退	一十六度八十一分八七五	三十二分八十七秒五十微
夕退	一十七度一十四分七五	三十二分八十七秒五十微

夕留		
夕遲初	一十八度五十九分七五	一度四十五分
夕遲末	二十一度八十七分	三度二十八分
夕疾初	二十六度〇六分七五	四度一十九分
夕疾末	三十〇度七十〇分七五	四度六十四分
夕伏	三十三度六十二分七五	二度九十三分

熒惑

日數

段目	中星總日	段日分
合伏	六十九日	六十九日
晨疾初	一百二十八日	五十九日

晨疾末	一百八十五日	五十七日
晨次疾初	二百三十八日	五十三日
晨次疾末	一百八十五日	四十七日
晨遲初	三百二十四日	三十九日
晨遲末	三百五十三日	二十九日
晨留	三百六十一日	八日
晨退	三百八十九日九六四五	二十八日九十六刻四五
夕退	四百一十八日九二九	二十八日九十六刻四五
夕留	四百二十六日九二九	八日
夕遲初	四百五十五日九二九	二十九日
夕遲末	四百九十四日九二九	三十九日

夕次疾初	五百四十一日九二九	四十七日
夕次疾末	五百九十四日九二九	五十三日
夕疾初	六百五十一日九二九	五十七日
夕疾末	七百一十〇日九二九	五十九日
夕伏	七百七十九日九二九	六十九日

中星度

段目	中星總度	平度分	初行率
合伏	五十〇度	加五十〇度	減七十三分
晨疾初	九十一度八十〇分	四十一度八	七十二分
晨疾末	一百三十〇度八八	三十九度〇八	七十〇分
晨次疾初	一百六十五度〇四分	三十四度一六	六十七分

曉菴遺書

晨次疾末	一百九十二度〇八分	二十七度〇四	六十二分
晨遲初	二百〇九度八十〇分	一十七度七二	五十三分
晨遲末	一百一十六度	六度二十〇分	三十八分
晨留			
晨退	二百〇七度三四三二五	八度六五六七五	
夕納	一百九十八度六八六五	八度六五六七五	加四十四分
夕留			
夕遲初	二百〇四度八八六五	加六度二十〇分	
夕遲末	二百二十二度六〇六五	一十七度七二	減三十八分
夕次疾初	二百四十九度六四六五	二十七度〇四	五十三分
夕次疾末	二百八十三度八〇六五	三十四度一六	六十二分

夕疾初	三百二十二度八八六五	三十九度〇八	六十七分
夕疾末	三百六十四度六八六五	四十一度八	七十〇分
夕伏	四百一十四度六八六五	五十〇度	減七十二分

盈縮度

段目	盈縮總度	限度分
合伏	四十六度五十〇分	四十六度五十〇分
晨疾初	八十五度三十七分	三十八度八十七分
晨疾末	一百二十一度七十一分	三十六度三十四分
晨次疾初	一百五十三度四十八分	三十一度七十七分
晨次疾末	一百七十八度六十三分	二十五度一十五分
晨遲初	一百九十五度一十一分	一十六度四十八分

晨遲末	二百〇〇度八十八分	五度七十七分
晨留		
晨退	二百〇七度三四三二五	六度四十六分三二五
夕納	二百一十三度八〇六五	六度四十六分三二五
夕留		
夕遲初	二百一十九度五七六五	五度七十七分
夕遲末	二百三十六度〇五六五	一十六度四十八分
夕次疾初	二百六十一度二〇六五	二十五度一十五分
夕次疾末	二百九十二度九七六五	三十一度七十七分
夕疾初	三百二十九度三一六五	三十六度三十四分
夕疾末	三百六十八度一八六五	三十八度八十七分

夕伏	四百一十四度六八六五	四十六度五十〇分

土星

日數

段目	中星總目	段日分
合伏	二十〇日四十〇刻	二十〇日四十〇刻
晨疾	五十一日四十〇刻	三十一日
晨次疾	八十〇日四十〇刻	二十九日
晨遲	一百〇六日四十〇刻	二十六日
晨留	一百三十六日四十〇刻	三十〇日
晨退	一百八十九日〇四刻五八	五十二日六十四刻五八
夕退	二百四十一日六九一六	五十二日六十四刻五八

夕留	二百七十一日六九一六	三十〇日
夕遲	二百九十七日六九一六	二十六日
夕次疾	三百二十六日六九一六	二十九日
夕疾	三百五十七日六九一六	三十一日
夕伏	三百七十八日九刻一六	二十〇日四十〇刻

中星度

段目	中星總度	平度分	初行率
合伏	二度四十〇分	加二度四十〇分	減一十二分
晨疾	五度八十〇分	三度四十〇分	一十一分
晨次疾	八度五十五分	加二度七十五分	減一十〇分
晨遲	一十〇度〇五分		八分

晨留			
晨納	六度四二四五五	減三度六二五四五	
夕納	二度七十九分九一	三度六二五四五	加一十〇分
夕留			
夕遲	四度二十九分九一	加一度五十〇分	
夕次疾	七度〇四分九一	二度七十五分	減八分
夕疾	一十〇度四四九一	三度四十〇分	一十〇分
夕伏	一十二度八四九一	二度四十〇分	一十一分
	盈縮度		

段目	盈縮總度	限度分
合伏	一度四十九分	一度四十九分

晨疾	三度六十〇分	二度一十一分
晨次疾	五度三十一分	一度七十一分
晨遲	六度一十四分	八十三分
晨留		
晨納	六度四十二分四五五	二十八分四十五秒五十微
夕納	六度七十〇分九十一秒	二十八分四十五秒五十微
夕留		
夕遲	七度五十三分九十一秒	八十三分
夕次疾	九度二十四分九十一秒	
夕疾	一十一度三十五分九一	
夕伏	一十二度八十四分九一	

太白

日率

段日	中星總目	段日分
合伏	三十九日	三十九日
夕疾初	九十一日	五十二日
夕疾末	一百四十〇日	四十九日
夕次疾初	一百八十二日	四十二日
夕次疾末	二百二十一日	三十九日
夕遲初	二百五十四日	三十三日
夕遲末	二百七十〇日	一十六日
夕留	二百七十五日	五日

夕納	二百八十五日九五一三	一十○日九十五刻一三
夕納伏	二百九十一日九五一三	六日
合納伏	二百九十七日九五一三	六日
晨納	三百○八日九○二六	一十○日九五一三
晨留	三百一十三日九○二六	五日
晨遲初	三百三十九日九○二六	一十六日
晨遲末	三百六十二日九○二六	三十三日
晨次疾初	四百○一日九○二六	三十九日
晨次疾末	四百四十三日九○二六	四十二日
晨疾初	四百九十二日九○二六	四十九日
晨疾末	五百四十四日九○二六	五十二日

晨伏　五百八十三日九〇二六　三十九日

中星度

段目	中星總度	平度分	初行率
合伏	四十九度五十〇分	加四十九度五	減一度二七五
夕疾初	一百一十五度	加六十五度五	一度二六五
夕疾末	一百七十六度	六十一度	一度二五五
夕次疾初	二百二十六度二五	五十〇度二五	一度二三五
夕次疾末	二百六十八度七五	四十二度五	一度一六
夕遲初	二百九十五度七五	二十七度	一度〇二
夕遲末	三百〇十〇度	四度二十五分	六十二分
夕留			

夕納	二百九十六度三〇一三	減三度六九八七	
夕納伏	二百九十一度九五一三	四度三十五分	加六十一分
合納伏	二百八十七度六〇一三	四度三十五分	加八十二分
晨退	二百八十三度九〇二六	減三度六九八七	加六十一分
晨留			
晨遲初	二百八十八度一五二六	加四度二十五分	
晨遲末	三百一十五度一五二六	二十七度	減六十二分
晨次疾初	三百五十七度六五二六	四十二度五	一度〇二
晨次疾末	四百〇七度〇二六	五十〇度二五	一度一六
晨疾初	四百六十八度九〇二六	六十一度	一度一三五〇
晨疾末	五百三十四度四〇二六	六十五度五	一度二五五

晨伏末　五百八十三度九〇二六　四十九度五　一度二六五

盈縮度

段目	盈縮總度	限度分
合伏	四十七度六十四分	四十七度六十四分
夕疾初	一百一十〇度六十八分	六十三度〇四分
夕疾末	一百六十九度三十九分	五十八度七十一分
夕次疾初	二百一十七度七十五分	四十八度三十六分
夕次疾末	二百五十八度六十五分	四十〇度九十分
夕遲初	二百八十四度六十四分	二十五度九十九分
夕遲末	二百八十八度七十三分	四度〇九分
夕留		

夕納	二百九十○度三十二分一三	一度五十九分一三
夕納伏	二百九十一度九十五分一三	一度六十三分
合納伏	二百九十三度五十八分一三	一度六十三分
晨退	二百九十五度一十七分二六	一度五十九分一三
晨留		
晨遲初	二百九十九度二十六分二六	四度○九分
晨遲末	三百二十五度二十五分二六	二十五度九十九分
晨次疾初	三百六十六度一十五分二六	四十○度九十○分
晨次疾末	四百一十四度五十一分二六	四十八度三十六分
晨疾初	四百七十三度二十二分二六	五十八度七十一分
晨疾末	五百三十六度二十六分二六	六十三度○四分

晨伏　五百八十三度九十〇分二六　四十七度六十四分

水星

日率

段目	中星總目	段日分
合伏	一十七日七十五刻	一十七日七十五刻
夕疾	三十二日七十五刻	一十五日
夕遲	四十四日七十五刻	一十二日
夕留	四十六日七十五刻	二日
夕退伏	五十七日九十三刻八十分	一十一日一十八刻八
合退伏	六十九日一十二刻六十分	一十一日一十八刻八
晨留	七十一日一十二刻六十分	二日

晨遲	八十三日一十二刻六十分	一十二日
晨疾	九十八日一十二刻六十分	一十五日
晨伏	一百一十五日八十七刻六	一十七日七十五刻

中星度

段目	中星總度	平度分	初行率
合伏	三十四度二十五分	加三十四度二五	減一度一五五八
夕疾	五十五度六十三分	二十一度三八	一度七〇三四
夕遲	六十五度七十五分	一十〇度一三	一度一四七三
夕留			
夕退伏	五十七度九十三分八	減七度八一二	
合退伏	五十〇度一十二分六	減七度八一二	加一度〇三四三

晨留			
晨遲	六十〇度二十四分六	加一十〇度一三	
晨疾	八十一度六十二分六	二十一度三八	減一度一四七三
晨伏	一百一十五度八七六	三十四度二五	一度七〇三四

盈縮度

段目	盈縮總度	限度分
合伏	二十九度〇八分	二十九度〇八分
夕疾	四十七度二十四分	一十八度一十六分
夕遲	五十五度八十三分	八度五十九分
夕留		
夕退伏	五十七度九十三分八十秒	二度一十〇分八

合退伏　六十○度○四分六十○秒　二度一十○分八

晨留

晨遲　六十八度六十三分六十○秒　八度九十五分

晨疾　八十六度七十九分六十○秒　一十八度一十六分

晨伏　一百一十五度八十七分六十秒　二十九度○十八分

五星伏見差度立成

木火土三星

積日	初	一	二	三	四	五	六	七	八	九	一〇	一一
木	〇度〇〇〇〇〇	一	四	一〇	一七	二七	三八	五二	六八	八六	一〇七	一二九
火	〇度〇〇〇〇〇	二	七	一五	二七	四二	六一	八三	一〇八	一三六	一六九	二〇四
土	〇度〇〇〇〇〇	二	六	一四	二六	四〇	五八	七八	一〇二	一三〇	一六〇	一九四

積日	初	一	二	三	四	五	六	七	八	九	一〇	一一
金	〇度〇〇〇〇〇	一	四	八	一五	二三	三四	四六	六〇	七六	九三	一二三
水順（冬至後見 夏至後伏）	〇度〇〇〇〇〇	二	六	一三	二四	三八	五三	七二	九四	一〇九	一四七	一七七
水逆（冬至後伏 夏至後見）	與土星同術											

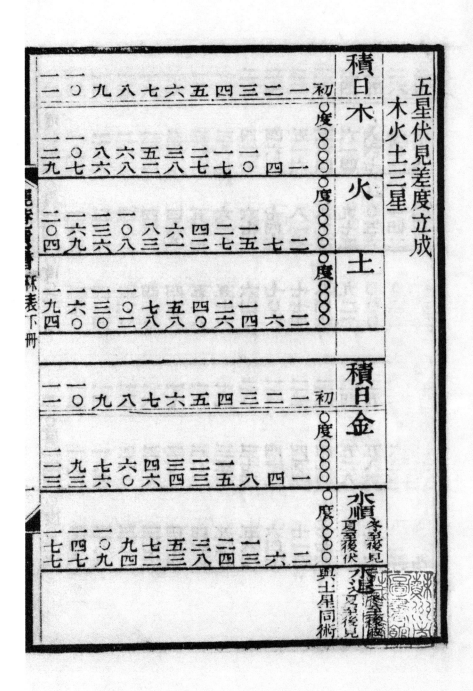

一二	一三	一四	一五	一六	一七	一八	一九	二〇	二一	二二	二三	二四	二五	二六	二七
〇度〇二五四	一八〇	二〇九	二四〇	二七三	三〇八	三四六	三八〇	四二七	四六〇	五一六	五六四	六一四	六六七	七二一	七七八
〇度〇二四三	二八五	三三一	三八〇	四三二	四八八	五四七	六一〇	六七六	七四五	八一七	八九三	九七二	一〇五六	一四二	二三一
〇度〇二三〇	二七〇	三一四	三六〇	四一〇	四六二	五一八	五七八	六四〇	七〇六	七七四	八四六	九二三	一〇〇〇	〇八二	一六六

一二	一三	一四	一五	一六	一七	一八	一九	二〇	二一	二二	二三	二四	二五	二六	二七
〇度〇二三四	一五八	一八三	二一〇	二三九	二七〇	三〇二	三三七	三七三	四一二	四五二	四九四	五二八	五八三	六三一	六八〇
〇度〇二三	二四八	二八八	三三〇	三七六	四二四	四七五	五三〇	五八七	六四七	七一〇	七七六	八四五	九一七	九九二	〇六九

二八	二九	三〇	三一	三二	三三	三四	三五	三六	三七	三八	三九	四〇	四一	四二	四三
八三六	八九七	九六五	一〇二五	〇九二	一六二	二三三	三〇七	三八二	四六〇	五四〇	六二三	七〇七	七九三	八八二	七七二
三二四	四二〇	五二〇	六二三	七二九	八三九	九五二	一〇六九	一八九	三二二	四三九	五六九	七〇二	八三九	九七九	三一二三
二五四	三四六	四四〇	五三八	六三八	七四二	八五〇	九六〇	二〇七四	一九〇	三一〇	四三四	五六〇	六九〇	八二三	九五八

二八	二九	三〇	三一	三二	三三	三四	三五	三六	三七	三八	三九	四〇	四一	四二	四三
七三二	七八五	八四〇	八九七	九五六	一〇一六	〇七九	一四三	二一〇	二七八	三四八	四二〇	四九三	五六九	六四六	七二六
一五〇	二三四	三二〇	四一〇	五〇二	五九七	六九六	七九七	九〇一	二〇〇八	一一八	二三一	三四七	四六六	五八七	七一二

四四	四五	四六	四七	四八	四九	五〇	五一	五二	五三	五四	五五	五六	五七	五八	五九
〇度二〇六五	一六〇	二五七	三五六	四五八	五六一	六六七	七七四	八八四	九九六	三 一一〇	二二七	三四五	四六六	五八八	七一三
〇度二三七〇	四二〇	五七四	七三一	八九一	四 〇五五	二二三	三九三	五六七	七四四	九二五	五 一〇九	二九六	四八七	六八一	八七七
〇度二〇九八	二四〇	三八六	五三四	六八六	八四二	四 〇〇〇	一六二	三二六	四九四	六六六	八四〇	五 〇一八	一九八	三八二	五七〇

四四	四五	四六	四七	四八	四九	五〇	五一	五二	五三	五四	五五	五六	五七	五八	五九
〇度一八〇七	八九〇	九七五	二 〇六二	一五〇	二四一	三三三	四一八	五二四	六二二	七二二	八二三	九七七	三 〇三二	一四〇	二四八
〇度二八四〇	九七〇	三 一〇四	二四〇	三八〇	五二三	六六六	八一五	九六六	四 一二〇	二七七	四三七	六〇〇	七六五	九三四	五 一〇六

六〇	六一	六二	六三	六四	六五	六六	六七	六八	六九	七〇	七一	七二	七三	七四	七五
八四〇	九六九	四一〇〇	二三四	三六九	六〇七	六四六	七八八	九三三	五〇七八	二二七	三七七	五三〇	六八四	八四五	六〇〇〇
六〇八〇	二八四	四九二	七〇三	九一八	七一三六	三五七	五八一	八〇九	八〇四一	二七六	五一四	七五五	六〇〇〇	二四八	五〇〇
七六	九五四	六一五〇	三五〇	五五四	七六〇	九七〇	七一八二	三九八	六一八	八四〇	八〇六六	二九四	五二六	七六二	九〇〇〇

六〇	六一	六二	六三	六四	六五	六六	六七	六八	六九	七〇	七一	七二	七三	七四	七五
三六〇	四七三	五八八	七〇四	八二三	九四三	四〇六六	一九〇	三一六	四四四	五七三	七〇五	八三八	九七四	五一二	二五〇
三八〇	四五八	六三八	八二一	六〇〇八	一九七	三八九	五八四	七八二	九八三	七一八七	三九四	六〇三	八一六	八〇三二	二五〇

曉菴遺書　秝表下冊　三

七六	七七	七八	七九	八〇	八一	八二	八三	八四	八五	八六	八七	八八	八九	九〇	九一
○度六二六二	三三二四	四九○	六五七	八二七	九九八	七一七二	五四八	五二六	七○七	八八九	八○七四	二六○	四四九	六四○	八三五
○度九七五五	一度○○二三	二七五	五四○	八○九	一○八一	三五六	六三五	九一七	三三○二	四九一	七八三	二○七九	三七八	六八○	九八六
○度九二四二	四八六	七三四	九八六	一度○二四○	四九八	七五八	○二三	二九○	五六○	八三四	一一一○	三九○	六七四	九六○	三二五○

七六	七七	七八	七九	八〇	八一	八二	八三	八四	八五	八六	八七	八八	八九	九〇	九一
○度五三九一	五三四	六七八	八二五	九七三	六一二四	二七六	四三○	五八六	七四三	九○三	七○六四	二三八	四九三	五六○	七三九
○度八四七三	六九六	九二三	九一五四	三八七	六二三	八六二	一度○二○四	三四九	五四七	八四八	一一○一	三五八	六一八	八八○	一一四七

九二	九〇二八	四二九五	五四二
九三	二二六	六〇七	八三八
九四	四三五	九一三	四一三九
九五	六二七	九二四二	四四〇
九六	八三〇	五六五	七四六
九七	一度〇〇三六	八九一	六〇五四
九八	二四四	六三二〇	五六六
九九	四五四	五五三	六八二
一〇〇	一度〇六六七	一度六八八九	一度六〇〇〇
一〇一	八八二	七二二八	三三三
一〇二	一〇九八	五七一	六四六
一〇三	三一六	九一七	九七四
一〇四	五三七	八二六七	七三〇六
一〇五	七六〇	六二〇	六四〇
一〇六	九八五	九七六	九七八
一〇七	二三一二	九三三六	八三一八

金水二星　冬至後晨夏至後夕

積日	金	水順（冬至後伏 夏至後見）	
初	〇度〇〇〇〇	〇度〇〇〇〇	〇度〇〇〇〇
一	四	六	七
二	一六	一四	二八
三	三五	五五	六三
四	六二	九八	一一三
五	九七	一五三	一七六
六	一四〇	二二〇	二五三
七	一九一	二九九	三四五
八	二四九	三九一	四五〇
九	三一五	四九五	五七〇
一〇	三八九	六一一	七〇四
一一	四七一	七三九	八五二
一二	五六〇	八八〇	一〇一三

一〇八	一度二四四二	一度九六九九	一度八六六三
一〇九	七七三	二度〇〇六六	九〇一〇
一一〇	九〇七	四三六	三六〇
一一一	三一四二	八〇九	七一四
一一二	三八〇	一一八五	一度〇〇七〇
一一三	六二〇	五六五	四三〇
一一四	八六二	九四九	七九四
一一五	四一〇七	二三三六	一六〇
一一六	五五三	七二六	五三〇
一一七	七〇二	三一一九	九〇二
一一八	八五二	五一六	二二七八
一一九	五一〇五	九一六	六五八
一二〇	三六〇	四三二〇	三〇四〇
一二一	六一七	七二七	四二六
一二二	八七六	五一三七	八一四
一二三	六一三八	五五一	四二〇六

一三	〇度〇六五七	〇度一〇三三	〇度二八九
一四	七六二	一九八	三七九
一五	八七六	三七五	五八二
一六	九九六	五六四	八〇一
一七	二〇二四	七六六	二〇三三
一八	二六〇	九八〇	二七九
一九	四〇四	二三〇六	五三九
二〇	五五六	四四四	八一四
二一	七一五	六九五	三一〇二
二二	八八二	九五八	四〇五
二三	二〇五七	三三三三	七二二
二四	二四〇	五二〇	四〇五二
二五	四五一	八一九	五九七
二六	六二九	四一三一	七五六
二七	八三五	四五五	五一二九
二八	三〇四九	七九一	五一六

一二四	一二五	一二六	一二七	一二八	一二九	一三〇	一三一	一三二	一三三	一三四	一三五	一三六	一三七	一三八	一三九
四〇一	六六七	九三四	七二〇四	四七六	七五〇	八〇二七	三〇五	五八六	八六八	九一五三	四四〇	七二九	三度〇〇二〇	三一四	六〇九
九六八	六三八九	八一二	七二四〇	六七一	八一〇五	五四二	九八三	九四二七	八七五	一度〇三三六	〇七八〇	一二三八	一六九九	二一六三	二六三二
六〇一	五〇〇〇	四〇二	八〇六	六三一四	六二六	七〇四〇	四五八	八七八	八三〇二	七二〇	九一六	五九四	三度〇〇三〇	〇四七〇	〇九一四

二九	三〇	三一	三二	三三	三四	三五	三六	三七	三八	三九	四〇	四一	四二	四三	四四
二七一	五〇〇	七三七	九八二	四三二五	四九六	七六四	五〇四〇	三一四	六一六	九一五	六二三三	五三七	八六〇	七二九一	五二九
五一三九	五〇〇	八七三	六二五八	六五五	七〇六四	四八六	九二〇	八三六六	八二四	九三九五	七七八	二度〇二七三	七八〇	一二九九	八三二
九一七	六三三二	七八三	七二〇六	六六三	八一三五	六二〇	九一二〇	六三四	二度〇六二	七〇三	一二五九	八二九	二四一三	三〇一二	六二四

一四〇	一度〇九〇七	三度三二〇二	三度二三六〇
一四一	一二〇六	三五七七	一八一〇
一四二	五〇八	四〇五五	二三六二
一四三	八一二	四五三六	二七一八
一四四	二一一八	五〇二一	三一七八
一四五	四二七	五五〇九	三六四〇
一四六	七三九	六〇〇〇	四一〇六
一四七	三〇五〇	六四九五	四五七四
一四八	三六四	六九九三	五〇四六
一四九	六八一	七四九五	五五二二
一五〇	四〇〇〇	八〇〇〇	六〇〇〇
一五一	三三一	八五〇八	六四八二
一五二	六四四	九〇三〇	六五六六
一五三	九七〇	九五三五	七四五四
一五四	五二九七	四度〇〇五四	七四四六
一五五	六二七	〇五七六	八四四〇

四五	一度七八七五	一度二三七五	一度四二五〇
四六	八二三九	二九三一	四八九〇
四七	五九一	二四九九	五五四五
四八	九六〇	四〇八〇	六二一三
四九	九三三七	四六七三	六八九六
五〇	七三三	五二七八	七五九二
五一	一度〇二一五	五七九五	八三〇三
五二	五一六	六五二〇	九〇二八
五三	九二四	七一六六	九七六七
五四	一三四〇	七八二〇	二度〇五二〇
五五	七六四	八四八六	一二八六
五六	二一九六	九一六四	二〇六八
五七	六三五	九八五五	二八六三
五八	三〇八二	二度〇五五八	三六七三
五九	五三七	一二七三	四四九六
六〇	四〇〇〇	二〇〇〇	五三三三

一五六	九五八	一一〇一	八九三七
一五七	六二九二	一六二九	九四三八
一五八	六二八	二一六一	九九四二
一五九	九六六	二六九七	四度〇四五〇
一六〇	七三〇七	三二三六	〇九六〇
一六一	六四九	三七七八	一四七四
一六二	九九四	四二二三	一九九〇
一六三	八三四〇	四八七二	二五一〇
一六四	六八九	五四二四	三〇三四
一六五	九〇四〇	五九八〇	三五六〇
一六六	三九三	六五三九	四〇九〇
一六七	七四八	七一〇一	四六二三
一六八	三度〇二〇六	七六六七	五一五八
一六九	四六五	八二三六	六五九八
一七〇	八二七	八八〇九	六二四〇
一七一	一九一	九三八五	六七八六

六一	四四七一	二七三九	六一八五
六二	四九四九	三四九一	七〇五〇
六三	五四三五	四二五五	七九三〇
六四	五九二九	五〇三一	八八二四
六五	六四三一	五八二九	九六二二
六六	六九四〇	六五二〇	三度〇六五三
六七	七四五七	七四三三	一五八九
六八	七九八〇	八二五八	二五二九
六九	八五一五	九〇九五	三五〇二
七〇	九〇五六	九九四四	四四八二
七一	九六〇四	二度〇八〇六	五四七四
七二	三度〇二六〇	一六八〇	六四八〇
七三	〇七二四	二五六六	七五〇〇
七四	一二九六	三四六四	八五三五
七五	一八七五	四三七五	九五八三
七六	二四六三	五二九八	四度〇六四六

一七二	三度一五五六	四度九九六四	四度七三三四
一七三	一九二四	五度〇五四六	七八八六
一七四	二二九四	一一三三	八四四二
一七五	二六六七	一七二三	九〇〇〇
一七六	三〇四一	二三一五	九五六二
一七七	三四一八	二九一一	五度〇一一六
一七八	三八九六	一三五二	〇六九四
一七九	四一七七	四一一四	一二六六
一八〇	四五六〇	四七二〇	一八四〇
一八一	四九四五	五三三〇	二八一八
一八二	三度五三三三	五度二九四三	五度二九九八

七七	二度二〇五七	三度六二三三	四度一七一三
七八	三六六〇	七一八〇	二八一二
七九	四二七一	八一三九	三九一八
八〇	四八八九	九一一二	五〇三七
八一	五五一五	四度〇〇九五	六一七〇
八二	六一四九	一〇九一	七三一七
八三	六七九一	二〇九九	八四七八
八四	七四四〇	三一二〇	九七五三
八五	八〇九七	四一五二	五度〇八四三
八六	八七六二	五一九八	二〇四六
八七	九四三五	六二五五	三三六三
八八	三度〇一一六	七三二四	四四九五
八九	〇八〇四	八四〇六	五七四〇
九〇	一五〇〇	九五〇〇	七〇〇〇
九一	三度二二〇四	五度〇六〇六	五度八二七四

五星細行捷法

一日○ 二日二 三日三 四日六 五日一十○

六日一十五 七日二十一 八日二十八 九日三十六 十日四十五

一十一日五十五 一十二日六十六 一十三日七十八

一十四日九十一 一十五日一百○五 一十六日一百二十○

一十七日一百三十六 一十八日一百五十三 一十九日一百七十一

二十日一百九十○ 二十一日二百一十○ 二十二日二百三十一

二十三日二百五十三 二十四日二百七十六 二十五日三百○○

二十六日三百二十五 二十七日三百五十一 二十八日三百七十八

二十九日四百○六 三十日四百三十五 三十一日四百六十五

三十二日四百九十六　三十三日五百二十八　三十四日五百六十一

三十五日五百九十五　三十六日六百三十　三十七日六百六十六

三十八日七百〇三　三十九日七百四十一　四十日七百八十〇

四十一日八百二十〇　四十二日八百六十一　四十三日九百〇三

四十四日九百四十六　四十五日九百九十〇　四十六日一千〇三十五

四十七日一千〇八十一　四十八日一千一百二十八　四十九日一千一百七十六

五十日一千二百二十五　五十一日一千二百七十五　五十二日一千三百二十六

五十三日一千三百七十八　五十四日一千四百三十一　五十五日一千四百八十五

五十六日一千五百四十〇　五十七日一千五百九十六　五十八日一千六百五十三

五十九日一千七百一十一　六十日一千七百七十〇　六十一日一千八百三十〇

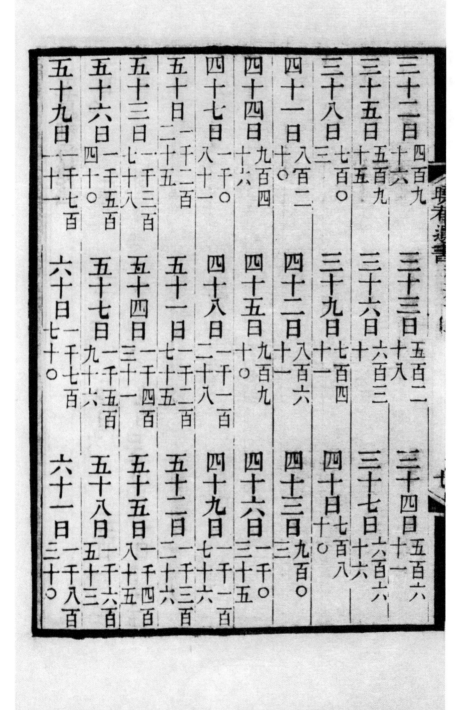

六十二日	一千八百九十一
六十三日	一千九百五十三
六十四日	二千〇一十六
六十五日	二千〇八十〇
六十六日	二千一百四十五
六十七日	二千二百一十一
六十八日	二千二百七十八
六十九日	二千三百四十六
七十日	二千四百一十五
七十一日	二千四百八十五
七十二日	二千五百五十六
七十三日	二千六百二十八
七十四日	二千七百〇一
七十五日	二千七百七十五
七十六日	二千八百五十〇
七十七日	二千九百二十六
七十八日	三千〇〇三
七十九日	三千〇八十一
八十日	三千一百六十〇
八十一日	三千二百四十〇
八十二日	三千三百二十一
八十三日	三千四百〇三
八十四日	三千四百八十六
八十五日	三千五百七十〇
八十六日	三千六百五十五
八十七日	三千七百四十一
八十八日	三千八百二十八
八十九日	三千九百一十六
九十日	四千〇〇五
九十一日	四千〇九十五

九十二日四千一百八十六　九十三日四千二百七十六　九十四日四千三百七十一

九十五日四千四百六十五　九十六日四千五百六十〇　九十七日四千六百五十六

九十八日四千七百五十三　九十九日四千八百五十一　一百日四千九百五十〇

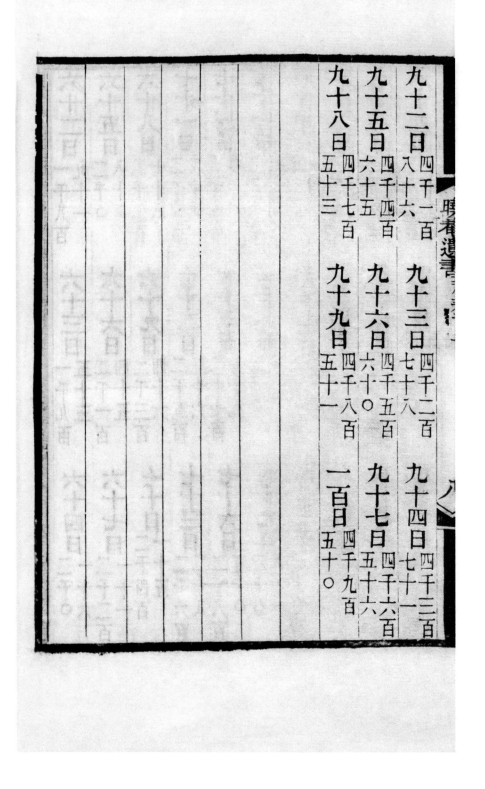

七政捷法立成

歲周表

五〇五〇五〇五〇五
二五七〇二五七〇二
四八二七一五九四八
二四七九二四六九一
五〇五〇六一六二七
六三九六二九五二八
三七〇四八一五九二
〇〇一一一二二二三

天周度表

五〇五〇五〇五〇五
七五二〇七五二〇七
五一七三八四〇六一
二五七〇二五八〇三
五　五一六一六二七
六三九六二九五二八
三七〇四八一五九二
〇〇一一一二二二三

朔策表

三六九二五八一四七
九八七七六五五四三
五一七三九五一七三
○一一二二三四四五
三六九二五八一四七
五　五一六一七二七
九九八八七七六六五
二五八一四七　三六
○○○一一一二二三

轉周表

六二八四○六二八四
四九三八三七二六一
五○六一七二八三九
五一六三七三八四九
七五二○七五二○七
二五八一三六九二四
○○○一一一二二三

交周表

四八二六〇四八二六
二四七九二四六九一
二四六八一三五七〇
二四六八一三五七〇
一二三四六七八九一
二四六八〇二四六九
七四一八六三〇七四
二五八〇三六九一四
〇〇〇一一一一二三

月平行度表

五〇五〇五〇五〇五
七五二〇七五二〇七
八七六五三二一〇八
六三〇七四一八五一
三七一四八二五九三
三六〇〇六　三六〇
一二四五六八九〇二
〇〇〇〇〇〇〇一一

歲星周率表

八六四二〇八六四二
八七六五四二一〇九
八七六五四三二一九
九九九九九九九九八
三七一五九三七一五
〇〇一一一二二三三

歲星歷率表

五〇五〇五〇五〇五
六三九六二九五二八
八七五四三一〇九七
四九四九四九四八三
六二九五二八五一八
九九八八八七七七六
二五八一四七〇三六
一二三五六七九〇一
三六九二五八一五八
三六九三六九三六九

歲星度率表

二四六八〇二四六八
八六四二一九七五三
五一七三九四〇六二
八七五四二一〇八七
一三五七九一三四六
一二三四五七八九〇
〇〇〇〇〇〇〇〇一

四八二七一五〇四八
〇〇一一二三三三三

火星周率表

九八七六五四三二一
二五八一四七〇三六
九八七七六五五四三
九九九九九九九九九
七五三一九七五三一
七五三一八六四二〇
〇一二三三四五六七

火星歷率表

三六九二五八一四七
四八二七一五〇四八
〇〇一一二二三三三
八六四二〇八六四二
五一七三九四〇六二
九九八八七七七六六
六三〇七四一八五二
八七六四三二〇九八
六三〇七四一八四一
〇一二二三四四五六

火星度率表

五	七	○	八	八	一	○
○	五	一	六	七	三	○
五	二	二	四	六	五	○
○	○	三	二	五	七	○
五	七	三	○	四	九	○
○	五	四	八	二	一	一
五	二	五	六	一	三	一
○	○	六	四	○	五	一
五	七	六	二	九	六	一

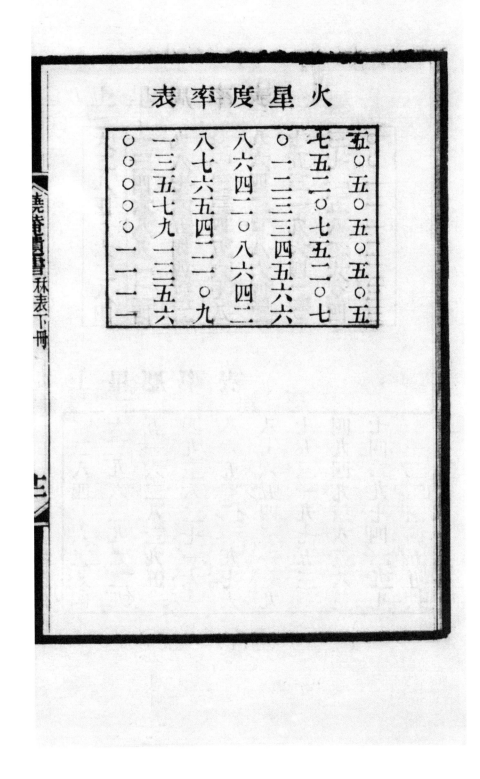

土星周率表

六二八四〇六二八四
一三四六八九一二四
九八七六五四四三二
〇一二三四五六七八
八六四二〇八六四二
七五三一九六四二〇
三七一五八二六〇四
〇〇一一一二二三三

土星歷率表

六二八四　六二八四
六三九六三九六二九
五一六二八三九五
四九三八二七一六一
八六五三一　九七六
八七六五四三一　九
七五三一九七五三
四九四九三八三八三
七四二九七四二九七
　一二二三四五五六

土星度率表

五○五○五○五○五
五一六二七三八四九
二五七○二五七○二
四八二七一五九四八
九八八七七六五五四
二五八一四七○三六
○○○一一一二二二

一二三四五六七八九

太白周率表

六二八四〇六二八四
二五七〇三五八〇三
〇〇〇一一一一二三
九八七六五四三二一
三七一五九三七一五
八六五三一〇八七五
五一七三九五〇六二
〇一一二三三四四五

辰星周率表

六二八四〇六二八四
七五二〇八五三〇八
八七六五三二一〇八
五一七三九五八七二
一三四六七九一二四
一二三四五六八九〇
〇〇〇〇〇〇〇〇一

四餘立成

紫氣順行先行全度後行零分

宿	右行黃道宿度 左行宿度日率	右行度下零分 左行零分日率	右行宿次全日分 左行入各宿積日
箕	九度 二百五十二日	五十九分 一十六日五二	六百六十八日五二
斗	二十三度 六百四十四日	四十七分 一十三日一六	六百五十七日一六 九百二十五日六八
牛	六度 一百六十八日	九十〇分 二十五日二	一百九十三日二 一千一百一十八日八八

女	一十一度 三百○八日	一十二分 三日三十六刻	三百一十一日三六 一千四百三十○日二四
虛	九度 二百五十二日	六十四秒 ○日一七九二	二百五十二日一七九二 一千六百八十二日四一九二
危	一十五度 四百二十○日	九十五分 二十六日六	四百四十六日六○ 二千一百二十九日○一九二
室	一十八度 五百○四日	三十二分 八日九十六刻	五百一十二日九六 二千六百四十一日九七九二
壁	九度 二百五十二日	三十四分 九日五十二刻	二百六十一日五二 二千九百○三日四九九二

宿	度	日	分	日	日	日
奎	一十七度	四百七十六日	八十七分	二十四日三六	五百〇〇日三六	三千四百〇三日八五九二
婁	一十二度	三百三十六日	三十六分	一十〇日〇八	三百四十六日〇八	三千七百四十九日九三九二
胃	一十五度	四百二十〇日	八十一分	二十二日六八	四百四十二日六八	四千一百九十二日六一九二
昴	一十一度	三百〇八日	八分	二日二十四刻	三百一十〇日二四	四千五百〇二日八五九二
畢	一十六度	四百四十八日	五十〇分	一十四日	四百六十二日	四千九百六十四日八五九二

觜	○度 ○日	五分 一日四十○刻	一日四十刻 四千九百六十六日二五 九二
參	一十○度 二百八十○日	二十八分 七日八十四刻	二百七十八日八四 五千二百五十四日○九 九二
井	三十一度 八百六十八日	三分 ○日八十四刻	八百六十八日八四 六千一百二十二日九三 九二
鬼	二度 五十六日	一十一分 三日○八刻	五十九日○八 六千一百八十二日○一 九二
柳	一十三度 三百六十四日		六千五百四十六日○一 九二

星	張	翼	軫	角
六度 一百六十八日	一十七度 四百七十六日	二十〇度 五百六十〇日	一十八度 五百〇四日	一十二度 三百三十六日
三十一分 八日六十八刻	七十九分 二十二日一二	九分 二日二十五刻	七十五分 二十一日	八十七分 二十四日三六
一百七十六日六八 六千七百二十二日六九九二	四百九十八日一二 七千二百二十〇日八一九二	五百六十二日二五 七千七百八十三日三三九九	五百二十五日 八千三百〇八日三三九二	三百六十〇日三六 八千六百六十八日六九九二

亢	九度	二百五十二日	五十六分	一十五日六八	二百六十七日六八	八千九百三十六日三七九二
氐	一十六度	四百四十八日	四十〇分	一十一日二十刻	四百五十九日二〇	九千三百九十五日五七九二
房	五度	一百四十〇日	四十八分	一十三日四四	一百五十三日四四	九千五百四十九日〇一九二
心	六度	一百六十六日	二十七分	七日五十六刻	一百七十五日五六	九千七百三十四日五七九二
尾	一十七度	四百七十六日	九十五分	二十六日六十刻	五百〇二日六〇	一萬〇二百二十七日一七九二

月孛　順行先行同度後行零分

宿	箕	斗	牛
右行黃道宿度	九度	二十三度	六度
左行宿度日率	七十九日六三六四	二百〇五日五一五四	五十三日〇九一
右行度下審分	五十九分	四十七分	九十〇分
左行零分日率	五日二二〇六分	四日一五八八	七日九六三六
右行宿次至日分	八十四日八五七	二百〇七日六七四二	六十一日〇五刻四六
左行入各宿積日		二百九十二日五三二二	三百五十三日五八五八

女	一十一度 九十七日三三三四	一十二分 一日〇六刻一八	九十八日三十九刻五二 四百五十一日九八一
虛	九度 七十九日六三六四	六十四秒 五刻六十七分	七十九日六十九刻三一 五百三十一日六七四一
危	一十五度 二百三十二日七二七四	九十五分 八日四十〇刻六	一百四十一日一三三四 六百七十二日八〇七五
室	一十八度 二百五十九日一七二九	三十二分 二日八三一五	一百六十二日一〇四四 八百三十四日九一一九
壁	九度 七十九日六三六四	三十四分 三日〇〇八五	八十二日六四四九 九百一十七日五五六九

奎	一十七度	二百五十〇日四二四四	八十七分	七日六九八一	一百五十八日一二三五	一千〇七十五日六七九三
婁	一十二度	二百〇六日一八二九	三十六分	三日一八五八	一百〇九日三六七四	一千一百八十五日〇四六七
胃	一十五度	二百三十二日六二七四	八十一分	七日一六七三	一百三十九日八九四七	一千三百二十四日九四一四
昴	一十一度	九十七日三三三四	八分	七十〇刻七九	九十八日〇四刻一二	一千四百二十二日九八二七
畢	一十六度	二百四十〇日五七五九	五十〇分	四日四二四二	一百四十六日〇〇〇一	一千五百六十八日九八二八

觜	參	井	鬼	柳
	一十〇度 八十八日四八四九	三十一度 二百七十四日三〇三三	二度 一十七日六九七	一十三度 一百一十五日〇二〇四
五分 四十四刻二四	二十八分 二日四七七六	三分 二十六刻五四	一十一分 九十七刻三三	
一千五百六十九日四二五二	九十〇日九六二五 一千六百六十〇日三八七七	二百七十四日五六八七 一千九百三十四日九五六四	一十八日六十七刻〇三 一千九百五十三日六二六七	二千〇六十八日六五七一

星	張	翼	軫	角
六度 五十三日○九一	十七度 一百五十○日四二四四	二十○度 一百七十六日九六九八	十八度 一百五十九日二七二九	十二度 一百○六日一八一九
三十一分 二日七四三	七十九分 六日九九○三	九分 九十七刻六四	七十五分 六日六三六三	八十七分 七日六九八二
五十五日八三四 二千一百二十四日四九一	一百五十七日四一四七 二千二百八十一日九○五八	一百七十七日九四六二 二千四百五十九日六七二	一百六十五日九○九二 二千六百一十五日五八一二	一百一十三日八八○一 二千七百三十九日四六一三

亢	九度 七十九日六三六四	五十八分 四日九五五二	八十四日五十九刻一六 三千八百二十四日〇五二九
氐	一十六度 一百四十一日五七五七	四十〇分 三日五三九四	一百四十五日一一五三 二千九百六十九日一六八二
房	五度 四十四日一四二五	四十八分 四日二四二七	四十八日四十八刻九七 三千〇二十六日六五七九
心	六度 五十三日〇九刻一	二十七分 二日三八五一	五十五日四十七刻六一 三千〇七十三日一三八
尾	一十七度 一百五十〇日四二四四	九十五分 八日四十〇刻六	一百五十八日八三〇四 三千二百三十一日九六八四

羅睺計都 逆行 先行零分後行全度

宿	尾	心	房
右行度下零分	九十五分	二十七分	四十八分
左行零分日率	一十七日六六九二	五日〇二刻一七	八日九二七六
右行黃道宿度	一十七度	六度	五度
左行宿度日率	三百一十六日一八四八	二百十五日五九四七	九十二日九九五二
右行宿次至日分	三百三十三日八五四	一百一十六日六一六四	一百〇一日九二三一
左行入各宿積日		四百五十〇日四七〇四	五百五十二日三九三五

氐	四十〇分 七日四三九六	一十六度 二百九十七日五八五七	三百〇五日〇二五三 八百五十七日四一八八
亢	五十六分 一十〇日四一五五	九度 二百六十七日三九二	一百七十七日八〇七五 一千〇三十五日二二六三
角	八十七分 一十六日一八	一十二度 三百二十三日一八九三	二百三十九日三七〇五 一千二百七十四日五九六八
軫	七十五分 一十三日九四九二	一十八度 三百三十四日七八四	三百四十八日七三三三 一千六百二十三日〇三三一
翼	九分 一日六七三九	二十〇度 三百七十一日九八三	三百七十三日六五六一 一千九百九十六日九八六二

張	星	柳	鬼	井
七十九分 一十四日六九三三	三十一分 五日七十六刻五七		一十一分 二日○四刻五九	三分 ○日五十五刻八
一十七度 三百一十六日一八四八	六度 二百一十一日五九四七	一十三度 二百四十一日七八八四	一度 三十七日一九八二	三十一度 五百七十六日五七二四
三百三十○日八七八一 二千三百二十七日八六四三	一百一十七日三六四四 二千四百四十五日二二四七	二千六百八十七日○三一	五十九日二十四刻四一 二千七百二十六日四五七二	一百七十七日一三○四 三千三百○三日三八七六

參	二十八分 五日二十○刻七八	一十○度 一百八十五日九九一	一百九十一日一九八八 三千四百九十四日五八六四
觜	五分 ○日九十三刻		三千四百九十五日五一六四
畢	五十○分 九日二一九九五	一六度 二百九十七日五八五七	三百○六日○七八一 四千○○八日四七九七
昴	八分 一日四十八刻七九二	十一度 二百○四日五九○二	二百○六日○七八一 四千○○八日四七九七
胃	八十一分 一十五日○六五三	十五度 二百七十八日九八六六	二百九十四日○五一九 四千三百○二日五三一六

婁	三十八分	六日五十九刻五七	一十二度	二百一十三日二八九三	二百二十九日八八五	四千五百三十二日四一六六
奎	八十七分	一十六日一八一二	一十七度	三百一十六日一八四八	三百三十二日三六六	四千八百六十四日六八二六
壁	三十四分	六日二十二刻三七	九度	一百六十七日三九二	一百七十三日七一五七	五千〇三十八日四九八三
室	三十二分	五日九十五刻一六	一十八度	三百三十四日七八四	三百四十日八三五六	五千三百七十九日三三三九
危	九十五分	一十七日六六九二	一十五度	二百七十八日九八六六	二百九十六日六五五八	五千六百七十五日八八九七

虛	女	牛	斗	箕
六十四秒 〇日一十一刻九〇	一十二分 二日二三一九	九十〇分 一十六日七三九二	四十七分 八日七十四刻一五	五十九分 一十〇日九七三五
九度 二百六十七日三九二	一十一度 一百〇四日五九〇二	六度 二百一十一日五九四七	二十五度 四百二十七日七七六五	九度 二百六十七日三九二
一百六十七日五一一 五千八百四十三日四〇〇七	二百〇十六日八二二一 六千〇五十〇日二三二八	一百二十八日三三三九 六千一百七十八日五五六七	四百三十六日五二一 六千六百一十五日〇七七七	一百七十八日三六五五 六千七百九十三日四四三二

四餘交宮

宮次	紫氣 順行入			月孛 順行入			羅計 逆行納入		
	千百十日	十刻	十分	千百十日	十刻	十分	千百十日	十刻	十分
星紀	三七四	一五	○一	一一八	二三	八	五九六七	○六	八○
元枵	一一七六	六八	三二	三七一	八五	二六	五三五八	九一	八一
娵訾	二○三六	五○	七二	六四三	五七	二一	四七五九	二四	七五
降婁	二九五三	○四	五六	九三二	八九	八三	四二○○	八八	五六
大梁	二八五四	八一	八八	二二一八	一九	○五	三六七四	五七	三六
實沈	四六九五	四○	四	一四八三	八三	○二	三一四一	四八	七八
鶉首	五四八七	七三	九六	一七三四	二二	二二	二五七○	三四	六四

宮次	紫氣順行入 千百十日	十刻	十分	日孛順行入 千百十日	十刻	十分	羅計逆行納入 千百十日	十刻	十分
鶉火	六二九〇	二七	二八	一九八七	八三	六八	一九六二	一九	六五
鶉尾	七一五〇	〇九	六八	二二五九	五五	六三	一三五二	五二	五九
壽星	八〇六五	六三	五二	二五四八	八八	三五	八〇四	一六	四〇
大火	八九六四	四〇	八	二八三四	一七	四七	七〇七一	二九	五二
析木	九八〇八	九九	三六	三〇九九	八一	四四	六五三八	二〇	九四

女宮宿次

氣孛		羅計	
宮次宿	交宮度分	宮次宿	交宮度分

星紀	斗	三度七十六分八十五秒	大火	尾	三度○一分一十四秒
元枵	女	二度○六分三十八秒	壽星	氐	一度一十四分五十一秒
娵訾	危	一十二度六十四分九一	鶉尾	軫	一十○度○七分九六
降婁	奎	一度七十三分六十三秒	鶉火	張	一十五度二十六分○五
大梁	胃	三度七十四分五十六秒	鶉首	柳	三度八十六分七十九秒
實沈	畢	六度八十八分○五秒	實沈	井	八度三十四分九十三秒
鶉首	井	八度三十四分九十四秒	大梁	畢	六度八十八分○四秒
鶉火	柳	三度八十六分八十○秒	降婁	胃	三度七十四分五十五秒
鶉尾	張	一十五度二十六分○六	娵訾	奎	一度七十三分六十二秒
壽星	軫	一十○度○七分九七	元枵	危	一十二度六十四分九一

氣孛

宮次	宿	交宮度分
大火	氐	二度一十四分五十二秒
析木	尾	三度〇一分一十五秒

羅計

宮次	宿	交宮度分
星紀	女	二度〇六分五十七秒
析木	斗	三度七十六分八十四秒

四餘捷法立成

氣周率表

二四六八〇二四六八
九八七六六五四三二
七五三一九七五三一
一三五七八〇二四六
七四一八五三〇七四
三五八〇三六九一四
二四六九一三五八〇
〇〇〇〇一一一一二
一二三四五六七八九

孛周率表

四八六二〇四八二六
八六五三二〇八七五
六三〇七四一七四一
九九九八八八七七七
一三五七九一三五七
三六九二五九二五八
二四六九一三六八〇
三六九二六九二五九
〇〇〇一一一二二三

羅計周率表

一四六八〇二四六八
三六九二六九二五八
四八二七一五〇四八
四八三七二六一五九
二六〇三七〇四七〇
九八八七六六五四四
七五三一九七五三一
六三〇七三〇七四一
〇一二三四四五六

氣度率表

八六四二〇八六四二
二五八一四六九二五
〇〇〇一一一一二二

孛度率表

五〇五〇五〇五〇五
八七五四二一九八六
四九四九四九三八三
八六五三二〇九七六
八七六五四三一〇九
〇一二三四五六七七

羅計度率表

一	九	九	五	八	一	〇
二	八	九	一	七	三	〇
三	七	九	七	五	五	〇
四	六	九	三	四	七	〇
五	五	九	九	二	九	〇
六	四	九	五	一	一	一
七	三	九	一	〇	三	一
八	二	九	七	八	四	一
九	一	九	三	七	六	一

紫氣日率表

九	二	四	一	七	五	三	〇
八	五	八	二	四	一	七	〇
七	八	二	四	一	七	〇	一
六	一	七	五	八	二	四	一
五	四	一	七	五	八	七	一
四	七	五	八	二	四	一	二
三	〇	〇	〇	〇	〇	五	二
二	三	四	一	七	五	八	二
一	六	八	二	四	一	二	三

月孛日率表

一二三四五六七八九
六二八四　六二八四
三七　四八一五八二
一二四五六八九〇二
〇〇〇〇〇〇〇一一
三六九二五八一四七
一二三五六七九〇一
一二三四五六七九〇
〇〇〇〇〇〇〇〇一

羅計日率表

二四六八〇二四六八
〇〇〇〇一一一一一
六二八四〇六二八四
六三九六三九六二九
七五二〇八五三一八
三七一五八二六〇三
五〇六一六二七三八
〇一一二二三三四四

赤道積度宿次鈐

箕一十○度四　南斗三十五度六

牽牛四十二度八　婺女五十四度一五

虛六十三度一○七五　危七十八度五○七五

營室九十五度六○七五　東壁一百○四度二○七五

奎一百二十○度八○七五　婁一百三十二度六○七五

胃一百四十八度二○七五　昴一百五十九度五○七五

畢一百七十六度九○七五　觜觿一百七十六度九五七五

參一百八十八度○五七五　井二百二十一度三五七五

輿鬼二百二十三度五五七五　柳二百三十六度八五七五

七星二百四十三度一五七五　張二百六十〇度四〇七五

翼二百七十九度一五七五　軫二百九十六度四五七五

角三百〇八度五五七五　亢三百一十七度七五七五

氐三百三十四度〇五七五　房三百三十九度六五七五

心三百四十六度一五七五　尾三百六十五度二五七五

赤道各宿度分

角一十二度一十〇分　亢九度二十〇分

氐一十六度三十〇分　房五度六十〇分

心六度五十〇分　尾一十九度一十〇分

箕一十〇度四十〇分

右東方蒼龍七宿七十九度二十〇分

南斗二十五度二十〇分　牽牛七度二十〇分

婺女一十一度三十五分　虛八度九十五分七十五秒

危一十五度四十〇分　營室一十七度一十〇分

東壁八度六十〇分

右北方元武七宿九十三度八十〇分大

奎一十六度六十〇分　婁一十一度八十〇分

胃一十五度六十〇分　昴一十一度三十〇分

畢一十七度四十〇分　觜觿五分

參一十一度一十〇分

右西方金虎七宿八十三度八十五分

東井三十三度三十○分　輿鬼二度二十○分

柳一十三度三十○分　七星六度三十○分

張一十七度二十五分　翼一十八度七十五分

軫一十七度三十○分

右南方朱鳥七宿一百○八度四十○分

赤道十二宫次宿度鈐

南斗四度○九分二八一二五交丑宫星紀之次

婺女二度一十三分○九三七五交子宫元枵之次

危一十二度二十六分一五六二五交亥宫娵訾之次

奎一度五十九分九六八七五交戌宮降婁之次
胃三度六十三分七八一二五交卯宮大梁之次
畢七度一十七分五九三七五交申宮實沈之次
東井九度○六分四○六二五交未宮鶉首之次
柳四度○○二一八七五交午宮鶉火之次
張一十四度八十四分○三一二五交巳宮鶉尾之次
軫九度三十七分八四三七五交辰宮壽星之次
氐一度一十一分六五六二五交卯宮大火之次
尾三度一十五分四六八七五交寅宮析木之次

黃道積度宿次鈐

箕九度五九　斗三十三度○六
牛三十九度九六　女五十一度○八
虛六十○度○八七五　危七十六度○三七五
室九十四度三五七五　壁一百○三度六九七五
奎一百二十一度五六七五　婁一百三十三度九二七五
胃一百四十九度七三七五　昴一百六十○度八一七五
畢一百七十七度三二七五　觜一百七十七度三六七五
參一百八十七度六四七五　井二百一十八度六七七五
鬼二百二十○度七八七五　柳二百三十三度七八七五

星二百四十〇度〇九七五　張二百五十七度八八七五

翼二百七十七度九七七五　軫二百九十六度七二七五

角三百〇九度五九七五　亢三百一十九度一五七五

氐三百三十五度五五七五　房三百四十一度〇三七五

心三百四十七度三〇七五　尾三百六十五度二五七五

黃道各宿度分

箕九度五十九分　斗二十三度四十七分

牛六度九十〇分　女一十一度一十二分

虛九度〇〇七十五秒　危一十五度九十五分

室一十八度三十二秒　壁九度三十四分

奎一十七度八十七分　婁一十二度三十六分

胃一十五度八十一分　昴一十一度〇八分

畢一十六度五十〇分　觜五分

參一十〇度二十八分　井三十一度〇三分

鬼二度二十一分　柳一十三度

星六度三十一分　張一十七度七十九分

翼二十〇度〇九分　軫一十八度七十五分

角一十二度八十七分　亢九度五十六分

氐一十六度四十〇分　房五度四十八分

心六度二十七分　尾一十七度九十五分

內虛宿小餘從赤道鈐正當作七十五秒

算黃道十二宮交宿度鈐

斗三度七十六分八十五秒交丑宮星紀之次

女二度〇六分三十八秒交子宮元枵之次

危一十二度六十四分九十一秒交亥宮娵訾之次

奎一度七十三分六十三秒交戌宮降婁之次

胃三度七十四分五十六秒交酉宮大梁之次

畢六度八十八分〇五秒交申宮實沈之次

井八度三十四分九十四秒交未宮鶉首之次

柳三度八十六分八十〇秒交午宮鶉火之次

張一十五度二十六分○六秒交巳宮鶉尾之次

軫一十○度○七分九十七秒交辰宮壽星之次

氐一度一十四分五十二秒交卯宮大火之次

尾三度○一分一十五秒交寅宮析木之次

定日鈐

甲子初日	乙丑一日	丙寅二日	丁卯三日
戊辰四日	己巳五日	庚午六日	辛未七日
壬申八日	癸酉九日	甲戌十日	乙亥十一日
丙子十二日	丁丑十三日	戊寅十四日	己卯十五日
庚辰十六日	辛巳十七日	壬午十八日	癸未十九日
甲申二十日	乙酉二十一日	丙戌二十二日	丁亥二十三日
戊子二十四日	己丑二十五日	庚寅二十六日	辛卯二十七日
壬辰二十八日	癸巳二十九日	甲午三十日	乙未三十一日
丙申三十二日	丁酉三十三日	戊戌三十四日	己亥三十五日

庚子三十六日　辛丑三十七日　壬寅三十八日　癸卯三十九日
甲辰四十日　乙巳四十一日　丙午四十二日　丁未四十三日
戊申四十四日　己酉四十五日　庚戌四十六日　辛亥四十七日
壬子四十八日　癸丑四十九日　甲寅五十日　乙卯五十一日
丙辰五十二日　丁巳五十三日　戊午五十四日　己未五十五日
庚申五十六日　辛酉五十七日　壬戌五十八日　癸亥五十九日

定時刻鈐

定時	小餘 十刻	十分	十秒	十微	十纖
丑初	〇四	一六	六六	六六	六六
寅初	一二	五			
卯初	二〇	八三	三三	三三	三三
辰初	二九	一六	六六	六六	六六
巳初	三七	五			
午初	四五	八三	三三	三三	三三
未初	五四	一六	六六	六六	六六
申初	六二	五			
酉初	七〇	八三	三三	三三	三三
戌初	七九	一六	六六	六六	六六
亥初	八七	五			

夜子 定時	小餘 十刻	十分	十秒	十微	十纖
夜子	九五	八三	三三	三三	三三
子正	〇〇				
丑正	〇八	三三	三三	三三	三三
寅正	一六	六六	六六	六六	六六
卯正	二五				
辰正	三三	三三	三三	三三	三三
巳正	四一	六六	六六	六六	六六
午正	五				
未正	五八	三三	三三	三三	三三
申正	六六	六六	六六	六六	六六
酉正	七五				
戌正	八二	三三	三三	三三	三三
亥正	九一	六六	六六	六六	六六

九服里差表其法起於氣應加上十七分〇七五決得氣朔各種時刻復於本表內時刻加減之卽得各方時刻

地名	北極出地	時刻加減
南京	三十二度四一	空
浙江	三十〇度九七	加二十七分七八
福建	二十七度三八	加二十七分七八
河南	三十四度大强	減一刻二二四一
山西	三十八度〇三	減九十六分七九
四川	三十一度半弱	減三刻八八七七
廣西	二十七度二八	減二刻六三八六
雲南	二十四度半	減四刻九九八九
台	三十五度	減
揚州	三十三度	加
遼陽	四十二度强	加一刻五十二分七八
甘肅	四十〇度强	減五刻四三六九
東平	三十五度大	
登州	三十八度少	加
吉州	二十六度半	減
肇慶	二十三度八七	減
開平	四十三度少	減
林邑	一十七度四	減

地名	北極出地	時刻加減
北京	四十〇度大强	減二十七分七五
湖廣	三十一度半	減一刻二三四六
江西	二十九度四八强	減九十六分七九
山東	三十六度六四	加六分九七
陝西	三十四度半强	減二刻六三八六
廣東	二十三度三三	減一刻六六五六
貴州	二十五度四四	減二刻九一五六
交趾	二十〇度四	減
陽	二十四度太弱	減
蘇州	三十一度大	加
青州	三十七度少	加
漢中	三十三度半强	減三刻一九四二
大名	三十六度	
大同	四十〇度少	減
雷州	二十〇度大	減
瓊州	一十九度大	減
朝鮮	三十六度〇五	加三刻二十二分
武津	三十三度大强	減

南海　一十五度
和林　四十五度
北海　六十五度

衡岳　二十五度
鐵勒　五十五度

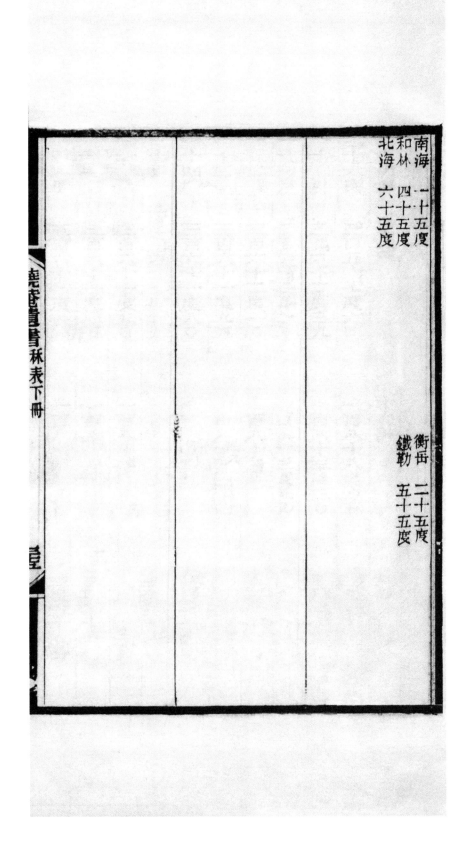

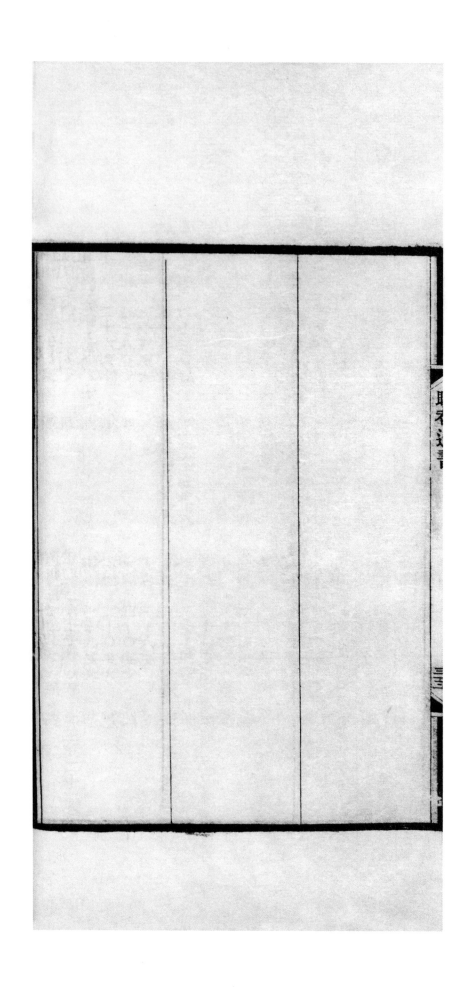

日食南北里差立成

北極出地	正交限	中交限	加減分
三十六度	三百五十七度六四	一百八十八度〇五	卽大統秝所用無加減
一十〇度	三百六十二度三九	一百八十三度三〇	四度七十五分
一十一度	三百六十二度二五	一百八十三度四四	四度六十一分
一十二度	三百六十二度一〇	一百八十三度五九	四度四十六分
一十三度	三百六十一度九五	一百八十三度七四	四度三十一分
一十四度	三百六十一度八〇	一百八十三度八九	四度一十六分
一十五度	三百六十一度六五	一百八十四度〇四	四度〇一分
一十六度	三百六十一度五〇	一百八十四度一九	三度八十六分
一十七度	三百六十一度三五	一百八十四度三四	三度七十一分
一十八度	三百六十一度一九	一百八十四度五〇	三度五十五分

一十九度	三百六十一度〇二	一百八十四度六七	三度三十八分
二十〇度	三百六十〇度八六	一百八十四度八三	度二十二分
二十一度	三百六十〇度六九	一百八十四度九九	度〇六分
二十二度	三百六十〇度五二	一百八十五度一六	二度八十九分
二十三度	三百六十〇度三六	一百八十五度三三	二度七十二分
二十四度	三百六十〇度一八	一百八十五度三一	二度五十四分
二十五度	三百六十〇度	一百八十五度六九	二度三十六分
二十六度	三百五十九度八一	一百八十五度八八	二度一十七分
二十七度	三百五十九度六二	一百八十六度〇七	一度九十八分
二十八度	三百五十九度四三	一百八十六度二七	一度七十八分
二十九度	三百五十九度二三	一百八十六度四七	一度五十八分
三十〇度	三百五十九度二	一百八十六度六八	一度三十七分

三十一度	三百五十八度八〇	一百八十六度八九	一度一十六分
三十二度	三百五十八度五八	一百八十七度一一	九十四分
三十三度	三百五十八度三一	一百八十七度三八	七十二分
三十四度	三百五十八度一三	一百八十七度五六	四十九分
三十五度	三百五十七度八九	一百八十七度八	二十五分
三十六度			
三十七度	三百五十七度三九	一百八十八度	二十五分
三十八度	三百五十七度一四	一百八十八度五五	五十〇分
三十九度	三百三十六度九	一百八十八度七九	七十四分
四十〇度	三百五十六度六九	一百八十九度	九十五分
四十一度	三百五十六度四七	一百八十九度二三	一度一十七分
四十二度	三百五十六度二六	一百八十九度四三	一度三十八分

四十三度	三百五十六度〇六	一百八十九度六三	一度五十八分
四十四度	三百五十六度八七	一百八十九度八二	一度七十七分
四十五度	三百五十五度六八	一百九十〇度〇一	一度九十六分
四十六度	三百五十五度五	一百九十〇度一九	二度一十四分
四十七度	三百五十五度三三	一百九十〇度三六	三度三十一分

大統秝法啟蒙

曉菴遺書之三

凡例

一日躔五星所注度分皆從晨前夜半爲斷惟月離日出入時度分以晨昏二字別之

一推步皆依舊法無毫釐增損

一監秝舊不注分但七政一日有一日之行時刻有時刻之行或一度界在兩日（歲塡熒惑以及太白辰星遲行留退日數更多）或二度三度同在一日之內（辰星多至四度月離多至十五六度）若止據子正注度其餘時刻所躔宿度每每悞用今度下備錄餘分卽得一日所行若干度分并知某時某刻換度換宿矣

假如本年正月甲申日躔虛八度八十三分乙卯日躔危初度八十四分若止據虛八度之文雖至甲申夜子猶未覺其爲危度也今備錄兩日度下餘分即得本日日行一度零二分用乘除法得寅正初刻日躔虛九度寅正一刻日躔危初度

一刻下餘分似屬可緩然於升降度所關不細今備錄之

一定兩弦監秝不注時刻若在日出分以下者皆退一日今按弦望時刻亦不可缺其退日注秝者皆增夜字以别之

一四餘皆緣日月躔離而生實無星象可指或言氣爲

月華孛爲彗孛者妄也近世有論天無紫氣者支分縷析反覆十有餘條辨則辨矣然氣失於閏本非無因但年遠數盈苟不探本窮源未易修改況合氣與朔而成閏是以有氣不可無朔術家棄朔而存氣端緒已失故糾紛而不可理余向推陽朔一行爲修改紫氣之根而草野無制作之權未敢輕以問世也

一監秝所注四餘交宿過度之日皆以本日晨前子正爲主余添以刻分似先一日然實與舊同無所更張

一監秝本於郭守敬昭代元監正劉中丞略加增損至今三四百年氣朔躔離未免有先後之差余推候二

十餘年成秝法六篇與舊法頗有異同而驗諸乾象庶幾不致疏遠然草野無制作之權未敢輕以問世

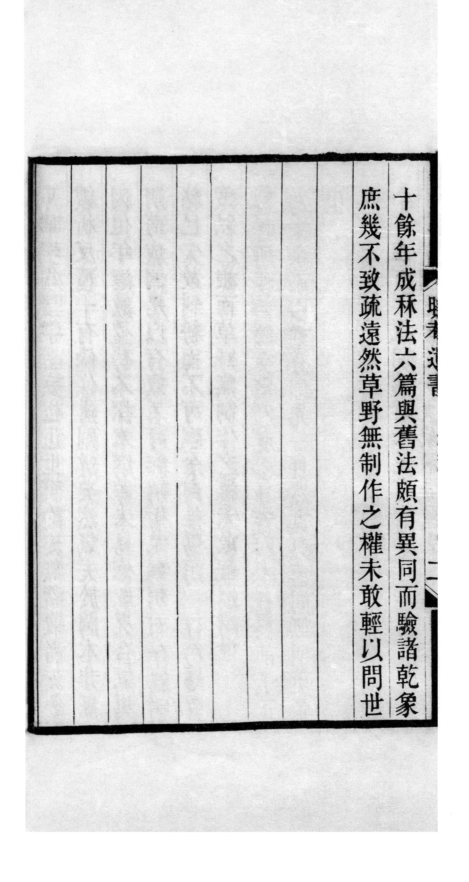

大統秝法啟蒙目錄

大統秝法啟蒙

步氣朔

周率

歲周三百六十五萬二千四百二十五分歲周一日歲實

半歲周一百八十二萬六千二百一十二分五十秒

象限九十一萬三千一百〇六分二十五秒

氣策一十五萬二千一百八十四分三十七秒五十微

候策五萬〇七百二十八分一十二秒五十微

土王策一十二萬一千七百四十七分五十秒

没限七千八百一十五分六十二秒五十微
盈策一萬○一百四十五分六十二秒五十微倍盈
二萬○二百九十一分二十五秒
盈初縮末限八十八萬九千○九十二分二十五秒
立差三十一分　平差二萬四千六百分　定差五
百一十三萬三千二百分
縮初盈末限九十三萬七千一百二十○分二十五
秒　立差二十七分　平差二萬二千一百分　定差
四百八十七萬○六百分
月周二十九萬五千三百○五分九十三秒　月周一日
朔實又曰朔策

望策一十四萬七千六百五十二分九十六秒五十
微
弦策七萬三千八百二十六分四十八秒二十五微
通閏一十○萬八千七百五十三分八十四秒
月閏九千○六十二分八十二秒
朔虛四千六百九十四分○七秒
虛策九千八百四十三分五十三秒一十微　日虛
一百五十六分四十六秒九十微
轉終二十七萬五千五百四十六分　轉差一萬九千
七百五十九分九十三秒
小轉中一十三萬七千七百七十三分　轉半差九

千八百七十九分九十六秒五十微

至限一十二限二十分　遲疾立差三百二十五分

平差二萬八千一百分　定差一千一百一十一

分　日行分八分二十秒又名入限日行分

紀法六十萬分

日周一萬分　半日周五千分

時法八百三十三分三三不盡　半時法四百一十

六分六六不盡

刻法一百分

宿法二十八萬分　宿章一萬二千四百二十五分

秝元諸應

洪武十七年焉逢困敦爲元至崇禎元年著雍執徐二百四十五年上攷已往每年減一算下驗將來每年加一算曰距元積年

歲名十干　焉逢甲　旃蒙乙　柔兆丙　彊梧丁　著雍戊　屠維己　上章庚　重光辛　玄默壬　昭陽癸

歲名十二支　攝提格寅　單閼卯　執徐辰　大荒落巳　敦牂午　協洽未　涒灘申　作噩酉　閹茂戌　大淵獻亥　困敦子　赤奮若丑

干支互配自焉逢攝提格至昭陽赤奮若得六十歲自甲子至癸亥得六十日　大統歲日干支俱用甲子不用焉逢等名附志於此以存古法

一氣應五十五萬〇三百七十五分
二閏應一十八萬二千〇七十〇分一十八秒
三轉應二十〇萬九千六百九十分
附宿章應一十五萬〇三百七十五分

求中積

置距元積年内去一年日定算與歲周相乘曰中積

求天正冬至

置中積加氣應曰通積足紀法累去之得天正冬至大小餘分萬分已上曰大餘不及萬分者曰小餘後凡省日分者兼大小餘分而言

攷古者上攷至秝元以前曰攷古以氣應減中積爲

通積累減紀法至不及減者反減之得天正冬至分

求各氣候

置天正冬至分累加氣策足紀法去之凡當以甲子命日者俱放此得各中節氣分

二十四氣　冬至十一月中　小寒十二月節　大寒十二月中　立春正月節　雨水正月中　驚蟄二月節　春分二月中　清明三月節　穀雨三月中　立夏四月節　小滿四月中　芒種五月節　夏至五月中　小暑六月節　大暑六月中　立秋七月節　處暑七月中　白露八月節　秋分八月中　寒露九月節　霜降九月中　立冬十月節　小雪十月中　大雪十一月節

置各氣分即爲其氣初候分一加候策爲中候分再加
候策爲末候分
捷法置天正冬至分以候策累加之得各氣候分
求土王用事
置四季季春三月季夏六月季秋九月季冬十二月節
氣分加土王策得土王事分
一求經朔弦望
置中積加閏應曰閏積足月周累去之餘爲天正閏餘
欲求次年閏餘者加通閏
攷古者置中積減閏應爲閏積足月周累去之至不
及去者反減月周得閏餘

置天正冬至分內減閏餘不及減者加紀法減之得天正經朔分

置天正經朔分累加望策得天正經望及以次各月經朔望分

置各經朔分加弦策得經上弦分置各經望分加弦策得經下弦分

捷法置天正經朔分累加弦策得天正經弦望及各月經朔弦望分

求經朔弦望入盈縮初末限

置歲周內減閏餘爲天正經朔入秝分以弦策累加足歲周去之得天正經弦望及各月經朔弦望入秝分

朓入秝分在半歲周以下者卽爲盈秝以上者內減
半歲周餘爲縮秝又朓盈縮秝盈者在盈初縮末限
以下縮者在縮初盈末限以下各爲初限以上皆與
半歲周相減餘各爲末限

捷法置閏餘卽爲天正經朔入縮末限分以弦策累
減之爲弦望縮末限分至不及減者反減弦策餘爲
弦望或次月朔入盈初限分以弦策累加之爲各月
經朔弦望入盈初限分加至盈初縮末限已上不用
以減半歲周餘爲盈末限分以弦策累減之爲以次
各經朔弦望入盈末限分至不及減者反減弦策爲
其次經朔弦望入縮初限分累加弦策如盈初得各

經朔弦望入縮初限分加至縮初盈末限以上不用以減半歲周餘爲縮末限累減弦策如盈末至與次歲天正閏餘相同而止得以次各經朔弦望入縮末限分

求盈縮差

置經朔弦望入盈縮初末限分其大餘以日周約之爲日其小餘寄位次于日躔盈縮表初末限相同日取其加分因寄位小餘以加其日下盈縮積度得盈縮差度分

求經朔弦望入轉遲疾秝

置中積加轉應去閏餘爲轉積足轉終分累去之得天

正經朔入轉分

攷古者置中積去轉應加閏餘足轉終累去之餘反減轉終得天正經朔入轉分

置天正經朔入轉分累加弦策得弦望及以次各月經朔弦望入轉分加足轉終卽去之眂在小轉中以下卽爲疾秝已上內減小轉中餘爲遲秝

捷法置本月經朔入轉分加轉差足轉終去之得次月經朔入轉分弦望放此

又法置經朔遲疾秝加轉半差遲改疾疾改遲得經望遲疾秝又加又改得次月經朔遲疾秝上下弦放此加至小轉中以上者內減小轉中遲仍爲遲疾仍

爲疾

求遲疾差

置經朔弦望遲疾秝先以日周刻法遞約之爲日刻分次以至限因之爲限（錄止限）於月離遲疾表取其相同限下日率減遲疾秝日刻分餘因本限下損益捷法以損益其限遲疾積度（八十四限已前益已後損本表自有損益字）得遲疾差度分

求加減差

置經朔弦望盈縮及遲疾兩差命盈與遲曰加縮與疾曰減次以所得兩差同名相從（盈遲同名爲加縮疾同名爲減）異名相消（盈與疾異名盈多消餘爲加疾

多消餘爲減縮與遲異名縮多消餘爲減遲多消餘
爲加以八刻二十分因之爲實入月離行度表相同
元得限下（卽至限因遲疾厯日刻分所得之限）取其
遲疾行度爲法實如法而一得加減差
捷法置相從或相消度分入月離行表取相同元限
下遲疾行捷法因之得加減差

求定朔弦望（月大小附）

置各月經朔弦望分以各所得加減差加減之爲定朔
弦望分
置各月定朔大餘分以本月減次月（不及減者加紀法
減之）得三十萬分者曰大盡分其月爲大得二十九

萬分者曰小盡分其月爲小

求各氣候所在月日

置天正閏餘以天正朔加減差反周之元加者以減元減者以加不及減者以閏餘損加差曰朔餘加天正定朔分元以閏餘損加差者反減天正定朔分不及減者加紀法減之卽元得天正冬至分也有多於六十萬分者內減天正定朔大餘爲定餘如不及減者減天正前月定朔大餘又不及減者加紀法減之爲定餘閏在至後改命前月爲天正月如定餘多於天正月大小盡分者內減大小盡分爲定餘閏在至前改命次月爲天正月以氣策或候策累加得各氣候

定餘以天正及各月大小盡分遞除之每除一次得一月爲積月命天正月算內天正冬至嘗在天正第一月他氣候定餘不及天正大小盡分未有積月亦在第一月得積月一卽在第二月得積月二卽在第三月餘放此得各氣候所在月權命月數之法命天正月爲第一月次月爲二月無閏第至一十二月有閏第至一十三月而止是爲未定之月其除餘之分爲入月分氣候在天正月者卽以定餘爲入月分如日周而一爲入月日命朔日算內入月分不足萬分未得一日者卽在朔一日入月日得一者卽在二日入月日得二者卽在三日餘放此得氣候所在第幾

月某日

定月法 閏月附

凡月數以中氣爲定中氣所在之月即以其月數命之如冬至所在即爲十一月大寒所在即爲十二月雨水所在即爲正月餘依此命之其無中氣之月數從前月而命之以閏

定月建法

凡月建以節氣爲定既交其月之節即從其月之建如立春之後即爲建寅驚蟄之後即爲建卯餘放此今秝日建除等日以節氣爲定其書月建干支仍在月名之左

十二月建　正月建寅　二月建卯　三月建辰
四月建巳　五月建午　六月建未　七月建申
八月建酉　九月建戌　十月建亥　十一月建子
十二月建丑

月建日干與日名之十干同從焉逢屠維之歲大統但云甲己之年今存古名起丙寅月以十干依敘列於月建之上周而復始盡五歲六十月又起丙寅

定日辰干支

置凡所得大小餘分其大餘以日周約之爲日命甲子算外得干支無大餘未足一日者爲甲子得一日爲乙丑得二日爲丙寅餘倣此其小餘如半時法而一

命子正算外得時及初正未及半時者爲子正得一爲丑初得二爲丑正得三爲寅初餘放此又其餘數以刻法約之爲刻又其餘仍爲分命初刻初初分算外得刻分未及一刻者爲初刻得一爲一刻餘放此

捷法大餘如日周而一入定日鈐取之得干支小餘入定時刻鈐挨及近少數得時及初正以近少數減小餘所存以刻法約之得刻分

求盈虛日

入氣小餘在沒限已上爲有沒之氣與盈策相減餘因日周如盈策小餘而一錄止萬分以加入氣大餘如日周而一命甲子算外得盈日亦曰沒日

經朔小餘在朔虛以下爲有滅之朔因日周如日虛而一（餘止萬分）以加經朔大餘如日周而一命甲子算外得虛日亦曰滅日

求直日宿

置中積加宿章應足宿法累去之餘以日周約之爲日命虛宿算外得直日宿

一法以宿章因定算加宿章應累去宿法餘如日周而一命虛宿算外得直日宿

直日二十八宿　虛危室壁奎婁胃昴畢觜參井鬼柳星張翼軫角亢氐房心尾箕斗牛女　已上宿名如營室觜觽東井之類本皆雙名而直日直月直年

宿名止用一字意乃術家從省便之法然大統於七
政躔離諸宿度亦皆用一字矣
上文所得直日宿者天正冬至直日宿也以二十八宿
依次逐日遞排之得周歲直日宿
攷古者置中積去宿章應足宿法累去之餘反減宿
法以日周約之爲日命虛宿算外得天正冬至直日
宿

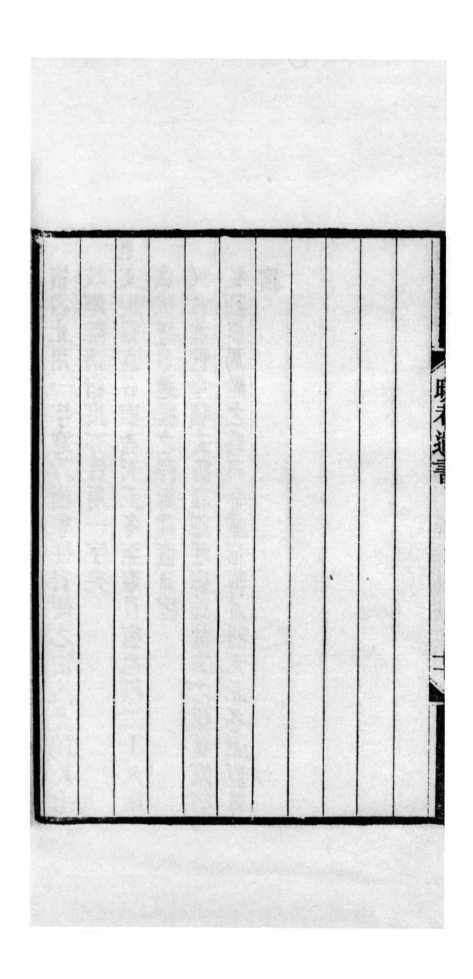

大統秝法啟蒙

步日躔

周率

周天三百六十五度二十五分七十五秒 周天亦曰赤道周

半周天一百八十二度六十二分八十七秒五十微

象限九十一度三十一分四十三秒七十五微

赤道歲差一分五十秒

赤道宿度 角一十二度一十分 亢九度二十分

氐一十六度三十分 房五度六十分 心六度

五十分 尾一十九度一十分 箕一十〇度四十

分　右東方蒼龍七宿　南斗二十五度二十分
牽牛七度二十分　婺女一十一度三十五分　虛
八度九十五分七十五秒　危一十五度四十分
營室一十七度一十分　壁八度六十分　右北方
元武七宿　奎一十六度六十分　婁一十一度八
十分　胃一十五度六十分　昴一十一度三十分
畢一十七度四十分　觜觿五分　參一十一度
一十分　右西方白虎七宿　東井三十三度三十
分　鬼二度二十分　柳一十三度三十分　七星
六度三十分　張一十七度二十五分　翼一十八
度七十五分　軫一十七度三十分　右南方朱鳥

七宿　以上宿名二字者大統止用一字今仍用二字以存古法已後或從古或從省不拘

赤道宿積　箕一十〇度四十分　南斗三十五度六十分　牽牛四十二度八十分　婺女五十四度一十五分　虛六十三度一十〇分太　危七十八度五十〇分太　營室九十五度六十〇分太　壁一百〇四度二十〇分太　奎一百二十〇度八十〇分太　婁一百三十二度六十〇分太　胃一百四十八度二十〇分太　昴一百五十九度五十〇分太　畢一百七十六度九十〇分太　觜觿一百七十六度九十五分太　參一百八十八度〇五分

太　東井二百二十一度三十五分太　輿鬼二百二十三度五十五分太　柳二百三十六度八十五分太　七星二百四十三度一十五分太　張二百六十〇度四十〇分太　翼二百七十九度一十五分太　軫二百九十六度四十五分太　角三百〇八度五十五分太　亢三百一十七度七十五分太　氐三百三十四度〇五分太　房三百三十九度六十五分太　心三百四十六度一十五分太　尾三百六十五度二十五分太　已上卽赤道鈐

辰策三十〇度四十三分八十一秒二十五微

赤道十二辰次　斗四度〇九分二十八秒一十二

微半交丑宮星紀之次　女二度一十三分○九秒三十七微半交子宮元枵之次　危一十二度二十六分一十五秒六十二微半交亥宮娵訾之次　奎一度五十九分九十六秒八十七微半交戌宮降婁之次　胃三度六十三分七十八秒一十二微半交酉宮大梁之次　畢七度一十七分五十九秒三十七微半交申宮實沈之次　井九度○六分四十○秒六十二微半交未宮鶉首之次　柳四度○○二十一秒八十七微半交午宮鶉火之次　張一十四度八十四分○三秒一十二微半交巳宮鶉尾之次

軫九度三十七分八十四秒三十七微半交辰宮

壽星之次　氐一度一十一分六十五秒六十二微
半交卯宮大火之次　尾三度一十五分四十六秒
八十七微半交寅宮析木之次

黃道周三百六十五度二十五分六十四秒秒或得六十三　今大統但從赤道數作七十五秒篇內立算悉依大統此姑存其數

黃道歲差一分三十九秒秒或得三十八

黃道宿度　角一十二度八十七分　亢九度五十六分　氐一十六度四十分　房五度四十八分　心六度二十七分　尾一十七度九十五分　箕九度五十九分　南斗二十三度四十七分　牽牛六

度九十分　婺女一十一度一十二分　虛九度○
○七十五秒　危一十五度九十五分　營室一十
八度三十二分　壁九度三十四分　奎一十七度
八十七分　婁一十二度三十六分　胃一十五度
八十一分　昴一十一度○八分　畢一十六度五
十分　觜觿五分　參一十○度二十八分　東井
三十一度○三分　輿鬼二度一十一分　柳一十
三度　七星六度三十一分　張一十七度七十九
分　翼二十○度○九分　軫一十八度七十五分
黃道宿積又曰黃道鈐　箕九度五十九分　斗三
十三度○六分　牛二十九度九十六分　女五十

一度〇八分　虛六十〇度〇八分太　危七十六度〇三分太　室九十四度三十五分太　壁一百〇三度六十九分太　奎一百二十一度五十六分太　婁一百三十三度九十二分太　胃一百四十九度七十三分太　昴一百六十〇度八十一分太　畢一百七十七度三十一分太　觜一百七十七度三十六分太　參一百八十七度六十四分太　井二百一十八度六十七分太　鬼二百二十〇度七十八分太　柳二百三十三度七十八分太　星二百四十〇度〇九分太　張二百五十七度八十八分太　翼二百七十七度九十七分太　軫二百

九十六度七十二分太　角三百〇九度五十九分太　亢三百一十九度一十五分太　氐三百三十五度五十五分太　房三百四十一度〇三分太　心三百四十七度三十〇分太　尾三百六十五度二十五分太

黃道交宮十二次名已見赤道不贅　斗三度七十六分八十五秒交丑宮　女二度〇六分三十八秒交子宮　危一十二度六十四分九十一秒交亥宮　奎一度七十三分六十三秒交戌宮　胃三度七十四分五十六秒交酉宮　畢六度八十八分〇五秒交申宮　井八度三十四分九十四秒交未宮

柳三度八十六分八十〇秒交午宮　張一十五度二十六分〇秒交巳宮　軫一十〇度〇七分九十七秒交辰宮　氐一度一十四分五十二秒交卯宮　尾三度〇一分一十五秒交寅宮

周應三百一十三度六十六分二十五秒　日躔應八度四十五分五十秒

命度法

命萬分爲度　百分爲分　分爲秒　秒微以下依次遞降　凡言命爲度者皆依此

求四正加時日刻分

置天正冬至分即冬正加時分也以盈初縮末限加之

得春正加時分次以縮初盈末限再加即得夏至分
命爲夏正加時分仍加縮初盈末限得秋正加時分
次以盈初縮末限再加即得來歲天正冬至分命爲
歲後冬正加時分　加足紀法皆去之
置四正加時分以日周刻法約之得四正加時日刻分
其日命甲子算外得干支
　求天正冬至日躔黃道度分
置中積命爲度加周應日通積度足赤道周累去之餘
爲虛後度內去虛末二度九十五分七十五秒餘在
危及以次各宿度分以上者遞去之得天正冬至日
躔赤道度分

捷法以赤道歲差因定算曰歲差積以減日躔應得天正冬至日躔赤道度分

攷古者命中積爲度損周應曰通積度足赤道周累去之餘反減赤道周爲虛後度　用捷法者以歲差積加日躔應得天正冬至日躔赤道度分距元積年至五百六十四年以上歲差積大於日躔應不及減者加赤道周減之

置天正冬至日躔赤道度分後省曰天正赤道入黃赤道率表取近少赤道積度分減之餘以黃道度率因之如赤道度率而一以本行黃道積加之得天正冬至日躔黃道度分後省曰天正黃道

求定象限

旣得天正黃道復求次年天正黃道相減得黃道歲差以消赤道歲差曰歲差較如四而一爲象限加分用加歲周象限得定象限

求四正加時度分

置天正黃道命曰冬正加時黃道度分以定象限累加之得春正夏正秋正加時黃道度分加足周天去之得歲後冬至加時黃道度分即次年天正黃道也 四正加時黃道度分後省曰四正度

求距日

置四正加時大餘以前段減後段 假如冬正爲前段則

春正爲後段若春正爲前段則夏正爲後段餘放此

不及減者加紀法減之餘加紀法如日周而一得

四正距日 冬正秋正後距日非八十八即八十九春正夏正後距日非九十三即九十四

求夜半減分

置四正加時刻分以四正初日行分各因之得四正夜半減分 錄止秒

四正初日行分

冬正 一度○五分一十○秒八十五微

夏正 九十五分一十五秒一十六微

春正距九十四日 一度 距九十三日

九十九分九十七秒〇三微

秋正距八十九日　一度　　距八十八日

一度〇〇〇五秒〇五微

求四正夜半黃道宿積度分

置四正度各以其夜半減分減之得四正夜半黃道宿積度分　後省曰四正夜半度

求四正夜半距度分

置四正夜半度以前段減後段　注見距日　得四正夜半距度分　後省曰四正距度

求日差

依距日取其積度與四正距度各相減曰總差各如其八

距日而一得四正日差録止微

距日總積

距八十八日　九十○度四十○分○九秒

距八十九日　九十一度四十○分一十四秒

距九十三日　九十○度五十九分八十九秒

距九十四日　九十一度五十九分八十六秒

求逐日行分

眡四正距度大於其距日積度者所得日差爲加四正距度小於其距日積度者所得日差爲減

入日躔行度表秋冬二正取冬至後春夏二正取夏至後每日行度各以其日差加減之得四正自初日以

後逐日行分其加減之法冬正取冬至後行度自初日至八十八日俱以冬正日差加減之爲冬正以後逐日行分春正取夏至後行度距九十四日者自九十三日至初日距九十三日者自九十二日至初日俱以春正日差加減之爲春正以後逐日行分夏正取夏至後行度自初日至九十三日俱以夏正日差加減之爲夏正以後逐日行分秋正取冬至後行度距八十八日者自八十七日至初日距八十九日者自八十八日至初日俱以秋正日差加減之爲秋正以後逐日行分合四正爲周歲逐日行分

求四正夜半日躔黄道宿度分

置四正夜半度入黃道鈐取近少黃道宿積度減之餘以次宿命之得四正日躔黃道宿度分後省曰四正宿度　如冬正無近少宿積者置其夜半度以箕宿命之

求逐日夜半日躔黃道宿度分

置四正宿度冬夏二正用其初日及以次自初至末逐日行分順排遞加春秋二正用其末日即九十三四日或八十八九日及以次自末至初逐日行分逆排遞加足本宿度分各去之餘為次宿度分得周歲逐日夜半日躔黃道宿度分又曰日躔細行

求日躔黃道交宮

置黃道交宮之宿度分秒次察逐日日躔細行挨及與
交宮同宿近少度分相減以日周因之如其日日行
分而一得數以半時法及刻法約之爲時刻分命子
正算外得時刻分其日卽同宿近少度分之日也

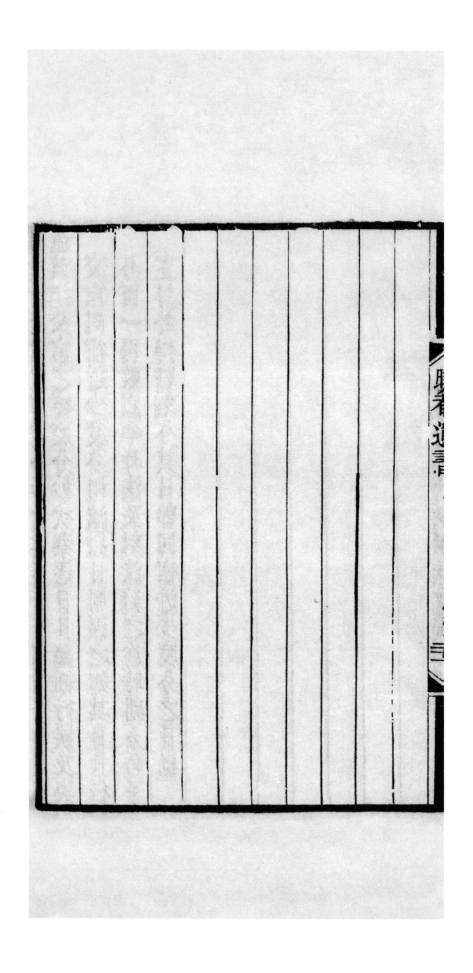

大統秝法啟蒙

步月離上

周度諸率

交周二十七萬二千一百二十二分二十四秒（交周一[illegible]日交終）

交中一十三萬六千〇六十一分一十二秒

交差二萬三千一百八十三分六十九秒

月平行一十三度三十六分八十七秒五十微

以大統月周除歲周得數與月平行不合攷定如左

攷定月平行一十三度三十六分八十七秒七十五微一十六纖（此用大統月周除歲周加一度得數）

極差一十四度六十六分
大距二十四度
平限九十八度　大限一百二十二度　小限七十四
度
交應一十一萬五千一百〇五分〇八秒

求各月經朔交泛分

置中積加交應去閏餘日交積足交周累去之得天正
經朔交泛分
攷古者置中積去交應加閏餘日交積足交周累去
之餘反減交周得天正經朔交泛分
置天正經朔交泛分累加交差足交周去之得以次各

月經朔交泛分

求朔後平交

置各月經朔交泛分與交周相減得朔後平交分若朔後平交分在交差以下者爲重交之月置平交分加交終得重交分俱以日周刻法約之得朔後平交日刻分

捷法置天正月朔後平交分累減交差得以次各月朔後平交分至不及減者爲重交之月加交周於平交分得重交分累減如初得以後各月朔後平交分

求正交黄道定積度

置各月經朔入厤分命爲度曰經朔距至度

置朔後平交分以月平行因之爲距後度以加經朔距至度得正交黃道定積度後省日正交定度　加足歲周度去之歲周度者命歲周爲度也

捷法置天正月距後度累減平交差三十〇度九十九分三十六秒九十五微半强得以次各月距後度至不及減者重交之月也加交終度三百六十三度七十九分三十四秒一十九微六十纖爲重交距後度次復累減半交差爲以後各月距後度又置天正月正交定度累減交朔差一度四十六分三十一秒〇二微得以次各月正交定度至不及減者加歲周度減之唯重交之月減交較差一度四十四分九十

○秒八十微爲重交定度次復減交朔差如初

攷正　置朔後平交分以考定月平行因之爲距後度加經朔距至度足歲周度去之得正交定度置天正月正交定度累減攷定交朔差一度四十六分二十○秒○一微七十三纖得以次各月正交定度重交亦同不及減者加歲周度減之　度下俱錄止秒

定周

每交正交一次爲一周重交亦作正交論以天正月正交爲第一周已後依次命之

求二至後初末限

置各周正交定度在半周度命半歲周爲度也以下曰

冬至後巳上內減半周度曰夏至後次眂二至後在氣象限命歲周象限爲度也以下爲初限巳上與半周度相減餘爲末限

捷法置一周二至後初末限以減末限以加加減交朔差得以次各周初末限惟重交月用交較差加減之若用攷正法者雖重交亦同加至氣象限以上與半周度相減末限改初限元得象限以上度不用減至不及減者反減交朔差惟重交月反減交較差用攷正法者不論初限改末限冬至後初改夏至後末夏至後初改冬至後末

求定差距差

置初末限以極差因之如氣象限而一得定差

置極差內減定差得距差

捷法置初末限以象極差一分六十〇秒五十五微

當作一十六分〇五秒五十微因之得定差用減極差得距差置天正定差初限累減末限累加置天正距差初限累加末限累減皆加減其極平差三十三分四十九秒〇三微得以次各月各周定差及距差重交月與初末交接之際依第一周別起之

攷正　以考正象極差一十六分〇五秒五十〇微入十七纖因初末限得定差用減極差得距差以攷正極平差二十三分四十七秒二十五微六十五纖

初減末加累加減於第一周定差得各周定差初加
末減累加減於第一周距差得各周距差減者減至
不及減反減攺正極平差加者加至極差以上倍極
差相減用其餘數（元得極差以上數不用）各得以次
各周定差及距差

求定限

以大距因定差如極差而一為極距差冬至後減夏至
後加皆加減平限為定限
捷法以定極差一分六十三秒七十一微因定差得
極距差冬至後初末限為減夏至後初末限為加皆
加減平限為定限

弦正　以弦正極定差一度六十三分七十一秒〇七微七十八纖因定差得極距差依上加減平限得定限　置第一周定限冬至後初限加末限減夏至後初限減末限加以定限差三十八分四十二秒七十一微一十八纖累加減之得以次各周定限加至大限以上倍大限減至小限以下倍小限各相減得定限其大限以上小限以下數不用

求四正赤道度

置天正赤道命日冬正赤道度以氣象限累加得春正夏正秋正各赤道度加足赤道周去之得歲後冬正赤道度即來歲天正赤道也

求赤道正交宿積度

眡各周黃道正交定積度冬至後初限加末限減以距差加減春正赤道度夏至後初限減末限加以距差加減秋正赤道度得赤道正交宿積度後省日赤道正交度

捷法置第一周赤道正交度視其黃道正交定積度在冬至後加在夏至後減以極平差累加減之得各周赤道正交度惟重交及初末相接之際依第一周别起之

攷正　置第一周赤道正交度依上加減法以攷正極平差累加減之得各周赤道正交度冬夏二至相

接之際依第一周別起之

求白道周

置次周赤道正交度如求第一周則置第二周求第二周則置第三周之類餘放此加赤道周以本赤道正交度減之得白道周若本周係春正次周係秋正者不必加而竟減本周係秋正次周係春正者亦加而後減其減餘止得白道半周若計各周次第亦作一周數之又有末周與次年第一周相減者不用赤道周而加歲周度減之其白道周約小一分五十秒

置白道周內減氣象限三次餘爲活象限止得白道半周者減氣象減一次餘卽活象限

求赤道正交宿度

置各周赤道正交度入赤道宿積鈐挨及近少宿積度分減之餘以次宿命之得赤道正交宿度

捷法置第一周赤道正交宿度冬至後加夏至後減視黄道正交定積以極平差累加減之得各周赤道正交宿度惟重交及初末之際別起之

攷正　置第一周赤道正交宿度依上加減法以攷正極平差累加減之得各周赤道正交宿度冬夏二至相接之際別起之減至不及減者加前宿赤道度分減之加至本宿赤道度分以上者去本宿度分餘以次宿命之

求赤道正交宿交後度分

以赤道正交宿度減其本宿赤道全度分餘爲赤道正交之宿交後度分　後省曰交後度

捷法置第一周交後度眡其黄道正交定積度冬至後減夏至後加累加減極平差得各周交後度惟重交及初末之際别起之

攷正　置第一周交後度依上加減法累加減攷正極平差得各周交後度冬夏二至相接之際别起之

減至不及減者加次宿赤道度減之餘以次宿命之加足本宿赤道度分者減本宿度分餘以前宿命之

右通法

步月離中

赤道交後宿度

置各周交後度以其赤道正交所當宿之次宿命之卽赤道交後宿度

赤道正交後各宿積度

置各周赤道交後宿度卽其宿赤道正交後積度也用其以次各宿赤道度遞加之得以次各宿赤道正交後積度（後省曰正交後度）足白道周去之（若止得白道半周者足白道半周去之）卽次周交後度也

求正交中交半交及初末限

置各周列宿正交後度眡在半周度以下卽爲正交後已上內減半周度餘爲中交後次眡正交中交後在氣象限以下曰正交限中交限已上去氣象限餘曰正半交限中半交限又眡正交中交兩半交限在半象限以下爲初限以上反減氣象限餘爲末限半象限四十五度六十五分五十三秒一十二微五十纖

捷法初限以加末限以減加減次後列宿赤道度分得以次各宿入初末限　加者加至半象限以上與象限相減惟中半交限與活象限相減餘俱與氣象限相減餘爲末限其半象限以上數不用減者減至不及減反減次宿赤道度分餘爲初限正交末限爲

正半交初限正半交末限爲中交初限餘放此

求加減定分

置各周列宿初末限各減其周定限餘相因如千度而一不足納除爲分秒得加減定分

求列宿白道積度

置各周列宿赤道正交後積度視在正交限中交限者用加兩半交限者用減各以其加減定分加減之得各周列宿白道積度

求列宿白道本度分

置各周列宿白道積度以本宿減次宿如軫宿爲本宿卽角宿爲次宿餘放此各得其宿本度分若無次宿

可減者以本白道周加次周第一宿白道積度減之

求赤道正交後辰次積度

置各周凡有交宮列宿交後度各以其赤道交宮度加之得各周各辰次赤道正交後積度亦曰交宮交後度亦曰交宮積度

求赤道辰次正交中交半交及初末限

置各周各交宮積度依列宿求之卽得

求赤道辰次加減定分

置各周各交宮初末限依列宿法求之卽得

求各辰次白道積度

置各周各交宮積度依列宿加減法各以其加減定分

加減之得各周各辰次白道積度亦曰交宮白道

求白道交宮宿度

置各周各交宮白道各以其交宮之宿白道積度減之得各周各交宮宿度分若無可減者是爲宮宿異周加前周白道周若前周止得半周者即加半周而以前周末宿白道積度減之近世惟辰戌二宮或無可減者若上攷往古下驗將來歲差遷移則不拘某宮然上則自有各代秝法下則建武永平之際成憲亦恐必有修改矣

右白道列宿辰次

步月離下

求定朔弦望入秝及盈縮初末限

置經朔弦望入秝分加減其元加減差得定朔弦望入秝分眡在半歲周已下爲盈秝已上內減半歲周餘爲縮秝次眡盈縮秝在盈者盈初縮末限以下卽爲盈初限以上與半歲周相減餘爲盈末限在縮者縮初盈末限以下卽爲縮初限以上與半歲周相減餘爲縮末限 加者加足歲周去之減者減至不及減加歲周減之

求定朔弦望盈縮差

置定朔弦望盈縮初末限依經朔弦望法求之得盈縮差

求定朔弦望月離黃道行定度

命各月定朔弦望入秝分爲度各以其盈縮差盈加縮減之得定朔弦望入秝度朔不加上弦加天周象限望加半天周下弦加三天象二百七十三度九十四分三十一秒二十五微足天周（即周天）去之各得月離黃道行定度（後省曰行定度）

求定朔弦望月離四正後黃道

眡各月定朔弦望月離行定度不及氣象限即爲冬至後過氣象限者內減氣象限餘爲春分後過半周度者內減半周度餘爲夏至後在三氣象二百七十三度九十三分一十八秒七十五微已上者內減三氣

象餘爲秋分後是日月離四正後黄道

求定朔弦望月離赤道行定度

置各月定朔弦望月離四正後黄道入黄赤道率表取分至相同月離至後亦取表中至後月離分後亦取表中分後近少黄道積度減之餘以其行赤道度率因之如其行黄道度率而一以加其行赤道積度得定朔弦望月離四正赤道眡在冬至後者不加春分後者加氣象限夏至後者加半周度秋分後者加三氣象得各月定朔弦望月離赤道行定度

求定朔弦望月離赤道宿積度

置各月定朔弦望月離赤道行定度加其年天正赤道

得各月定朔弦望月離赤道宿積度後省日月離宿積度

求各段月離赤道距度

置各月定朔弦望月離宿積度以本段減後段如本段是朔則上弦爲後段本段是下弦則次月朔爲後段不及減者加周天減之得各段月離赤道距度後省日赤道距度

求各月定朔弦望入各周交後度

置天正定朔月離宿度內減前歲末周赤道正交度不及減者加天周減之得天正定朔交後度注日前歲末周以各段赤道距度遞加得各月定朔弦望交後

度足一周者去前歲末周白道周餘爲本歲第一周交後度足二周者去第一周白道周餘爲第二周交後度三周以後放此若其周止得白道半周足半周卽去之得各段入各周及交後度

求初末限

置各月定朔弦望以後或省曰各段入各周交後度依列宿法求之得正交中交兩半交初末限

求各段加減定分

置各段正中兩半交初末限與其周定限相減餘相因如干度而一不足納除爲分秒得各段加減定分

求各段月離白道積度

置各段月離入各周交後度以其加減定差依列宿法加減之得各段月離白道積度是曰定朔弦望加時月離白道積度後省曰加時白道

右定朔弦望加時月離

求朔望弦晨昏入秝二至後分

置定朔弦望入秝分以定朔弦望小餘減之爲朔望二弦夜半入秝分在半歲周以下爲冬至後分在半歲周已上內減半歲周餘爲夏至後分各以日周約之爲日入半晝分表取相同日下半晝分與半日周五十分相減爲晨泛分相加爲昏泛分以晨昏泛分加於夜半冬夏至後分得晨昏冬夏至後分

求各段晨昏定分

置各段晨昏冬〻夏至後分其大餘以日周約之爲日其小餘爲實入半晝分表取相同日下晝夜差因實冬至後加夏至後減加減於其日半晝定分與半日周相減爲晨定分相加爲昏定分上弦用昏下弦用晨朔望晨昏俱錄之後皆放此

附　弦望加時小餘在晨定分以下交望初虧分在晨定分以下者注秝皆約一日

求定朔弦望夜半晨昏入轉分

置經朔弦望入轉分以元得加減差加減之爲定朔弦望入轉分

置定朔弦望入轉分以定朔弦望加時小餘減之爲朔望二弦夜半入轉分

置朔望二弦夜半入轉分上弦加昏定分爲昏入轉分下弦加晨定分爲晨入轉分朔望加晨定分爲晨入轉分加昏定分爲昏入轉分已後朔望二弦不復分疏其晨昏但依此推之

凡所求入轉分其大餘皆以日周約之得入轉日

求各段夜半月離白道積度

置各月定朔弦望小餘爲實以其入轉日入月離轉定度表取相同轉日下轉定度因之爲夜半減差以減各段月離白道積度得各段夜半白道積度

求各段晨昏月離白道積度

以各段夜半入轉日入月離轉定度表取相同轉日下轉定度因其晨昏定分爲晨昏加差各加其夜半白道積度得各段晨昏月離白道積度

求各段晨昏月離白道宿度

置各月朔望二弦晨昏月離白道積於其相當各周取近少列宿積度减之餘即以其宿命之得各段晨昏月離白道宿度

右朔望二弦晨昏月離

定朔弦望距日

置各月定朔弦望大餘以本段减後段餘如日周而一

得各段距日不及減者加紀法減之

求轉距日及閏日

置各段晨昏入轉日以本段減後段得晨昏轉距日朔昏轉與上弦昏轉相減上弦昏轉與望昏轉相減望晨轉與下弦晨轉相減下弦晨轉與朔晨轉相減所得距日與先得各段距日大約相同間有差一日者但用先得各段距日

其不及減者加二十八日減之若與先得各段距日差一日者曰閏日

求各段晨昏距度

置各段晨昏月離白道積度以本段減後段得各段晨

昏距度朔昏減上弦昏上弦昏減望昏望晨減下弦晨下弦晨減朔晨不及減者加白道周減之

求各段月差

眂各段距日及其晨昏入轉日於月離轉積度表距日相同格中入轉相同日下取轉積度與所得本段晨昏距度相減餘爲總差如其段距日而一得各段日差入轉日朔上弦眂昏望下弦眂晨若晨昏轉距日是閏日者用月離轉閏日積度表而其距日仍用各段距日次眂其距度大於轉積度者日差爲加距度小於轉積度者日差爲減

求逐日晨昏月行度

朔與上弦眡昏入轉日望與下弦眡晨入轉日於月離轉定度表入轉相同日下取其轉定度以本段日差加減之爲其段初日下晨昏月行度次以相同日暫綴後各日二十入日後復起初日加減分表中各日之加減分與日差不同依叙遞加減之入轉初日至一十二日爲減分一十三日至二十六日爲加分二十七日復爲減分表中自有加減字唯閏日至二十六日不用表中加分催加六分〇一秒即接初日得其段逐日晨昏月行度合各月各段得周歲逐日晨昏月行度凡取加減分抵次段晨昏入轉相同日而止

求逐日晨昏月離白道宿度

朔上弦置其段昏月離白道宿度望下弦置其段晨月離白道宿度各爲其段初日晨昏月離白道宿度次各以其段逐日晨昏月行度依敘遞加之足白道本宿度分去之餘以次宿命之有一加而足兩宿三宿者亦遞去之以最後所去宿之次宿命之至次段相同而止晨與晨相同昏與昏相同得其段逐日晨昏月離白道宿度各段俱依此求之得周歲逐日晨昏月離白道宿度凡求月離者須記明所在某周不可有悞

右月離細行

求逐日晨昏分

朔上弦以其昏分與次段昏分相減望下弦以其晨分與次段晨分相減餘如本段距日而一為晨昏日差冬至後昏曰加晨曰減夏至後晨曰加昏曰減晨昏分即晨昏定分

置各段晨昏定分即為其段初日晨昏分以日差加減之至次段相同而止為逐日晨昏分各月各段俱依此求之得周歲晨昏分

求晨昏日周

置日周以晨昏日差依上法加減之得逐日晨昏日周

求朔望全晝分

置朔望昏分內減其晨分得全晝分欲求各日全晝分者皆依此推之

求朔望晝月度

置朔望昏月離白道積度內減其晨月離白道積度得晝月度

求月離交宮

置各周白道各交宮宿度眂所得各段逐日晨昏月離白道宿度簡取同周同宿而度分近少者減之餘以其日晨昏日周因之如其日月行度而一用加本日晨昏分為交宮分加足萬分去之餘以次日命之以半時法刻法遞約之命子正初刻初初分算外得時

刻分 其日即從本日惟交宮分滿萬者從次日 如無同宿之日或宿雖同而度分反多者以交宮宿之前宿白道本度加於交宮宿度眡晨昏月離白道宿有同前宿者取其度分相減餘如上法得月離交宮日刻分 有加至兩宿方得同宿日者不足爲疑

交宮度或在朔望月離晨宿度以上昏宿度以下者以其晨月離白道宿度減交宮宿度 若晨月離與交宮不同宿者用上交加宿法 餘以朔望全晝分因之如其晝月度而一以加朔望晨定分爲交宮分以半時法及刻法約之爲時刻分命子正初刻初初分算外得時刻分其日即從朔望之日

右月離交宮

案大統月離法鄉者頗有差漏今據大統秝法求其法中之理還訂其差補其漏若云合天與否則未敢妄議

月離補遺

求正交日辰

置朔後平交分加其月經朔分爲平交加時分次以經朔入轉分加朔望平交分爲平交入轉分依朔望法求得遲疾秝及遲疾差遲加疾減於平交加時分得正交分平交加時分正交分俱足紀法去之入轉分足轉周去之以日周約之爲日命甲子算外以半時

法及刻法約之爲刻分命子正初刻初初分算外得正交日辰此有差悞依律秝考訂之如左

攷正 律秝攷曰置平交入限遲疾度以限下遲疾捷法乘之遲爲加差疾爲減差置各平交日辰以平交加減差加減之命甲子算外得正交日辰平交日辰即平交加時分也

求正交黃道宿度

置正交定度加天正黃道爲正交黃道宿積入黃道鈐取近少宿積度減之餘以次宿命之得正交黃道宿度

求月離赤道正交後半交白道舊名九道出入赤

道內外度及定差 郭法

置各交定差以二十五因之如六十而一䀨月離黃道正交在冬至後宿度爲減夏至後宿度爲加加減二十三度九十分爲月離赤道半交白道出入赤道內外度以周天六之一除之爲定差 月離赤道正交後爲外中交後爲內

求月離出入赤道內外白道去極度 郭法

置每日月離赤道 郭氏本無求每日月離赤道之法 交後初末限用減象限餘爲白道積用其積度減之餘以其差率因之所得百而一以加其下積差用減周天六之一餘以定差因之爲每日月離赤道內外度

內減外加象限爲每日月離白道去極度分象限當云天周象限

右舊有是法今疇人步秝所不用

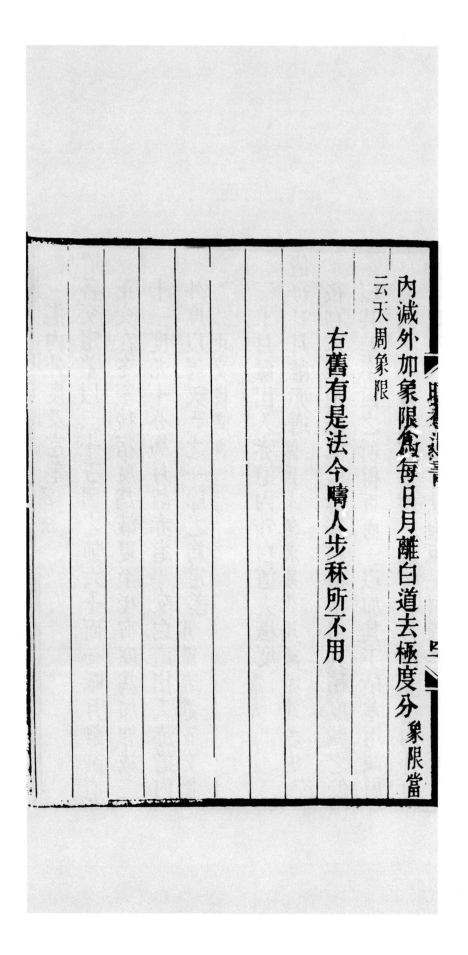

大統秝法啟蒙

步五星

周率

歲星三百九十八萬八千八百分　平度三十三度六十三分七十五秒

熒惑七百七十九萬九千二百九十分　平度四百一十四度六十八分六十五秒　閏年一加四十九度四十四分四十秒

塡星三百七十八萬〇九百一十六分　平度一十二度八十四分九十一秒

太白五百八十三萬九千〇二十六分　平度二百一

十八度六十六分〇秒

辰星一百一十五萬八千七百六十分　平度九十八

度二十六分一十五秒

秝率

歲星四千三百三十一萬二千九百六十四分八十六

秒五十微

度率一十一萬八千五百八十二分

立差二百三十六分　平差二萬五千九百一十二

分　定差一千〇八十九萬七千分

熒惑六百八十六萬九千五百八十〇分四十三秒

度率一萬八千八百〇七分五十秒

盈初縮末限六十〇度八十七分六十二秒五十微
立差一千一百三十五分　平差八十三萬一千一百八十九分　定差八千八百四十七萬八千四百分

縮初盈末限一百二十一度七十五分二十五秒
立差八百五十一分　平差三萬〇二百三十五分
定差一千九百九十七萬六千三百分

塡星一億〇七百四十七萬八千八百四十五分六十六秒二十五微

度率二十九萬四千二百五十五分
盈立差二百八十三分　平差四萬一千〇二十二

分　定差一千五百一十四萬六千一百分

縮立差三百三十一分　平差一萬五千一百二十

六分　定差一千一百〇一萬七千五百分

太白辰星三百六十五萬二千五百七十五分

度率一萬分

太白立差一百四十一分　平差三分　定差三百

五十一萬五千五百分

辰星立差一百四十一分　平差二千六百一十五

分　定差三百八十七萬七千分

伏見度

歲星一十三度

熒惑一十九度
塡星一十八度
太白一十○度五十分
辰星晨伏夕見一十六度五十分夕伏晨見一十九度

合應

歲星二百四十三萬二千三百○一分
熒惑二百四十○萬一千四百分
塡星二百○六萬四千七百三十四分
太白二百三十七萬九千四百一十五分
辰星三十○萬三千二百一十二分

秝應

歲星五百三十八萬二千〇百七十二分二十一秒五
十微
熒惑三百八十四萬五千七百八十九分三十五秒
填星一億〇六百〇〇萬三千七百七十九分〇二秒
太白一千〇萬四千一百八十九分
辰星二百〇三萬九千七百一十一分

求天正冬至五星前合後合分

置中積加五星合應爲周積足各星周率累去之餘爲
天正冬至前合分反減其周率餘爲天正冬至後合
分後省曰前合分後合分
攷古者置中積減五星合應爲周積足其星周率累

去之餘爲後合分反減其周率餘爲前合分

求平合及各段加時分

置五星後合分入各星段目表取諸段下段日分依敘遞加之得以次各段至後分舊日中積日各以天正冬至分加之爲各段加時分至後分足歲周去之加時分足紀法累去之會足歲周去者加次年天正冬至分歲周去一次冬至亦擬一次

捷法置各星後合分加天正冬至分爲平合分足紀法累去之亦曰合伏加時分入各星段目表取其諸段下段日分依敘遞加之足紀法去之得以次各段加時分

求各段中星度分

置五星後合分命爲度卽合伏下中星度分也入各星段目表取諸段下平度分依敘順加逆減之諸段皆順唯納段爲逆得各段中星度分

求合伏及各段盈縮秝初末限

置中積加秝應及後合分足其星秝率累去之餘爲後合入秝分

攷古者置中積去秝應及後合分足其星秝率累去之餘反減秝率爲後合入秝分

置五星各後合入秝分各加其度率而一爲合伏入秝度分於五星段目表取其各段下限度分依敘遞加

之得各段入秝度分眂在秝中卽半天周以下爲盈秝已上內減秝中餘爲縮秝入秝度分加至天周以上去之

歲星塡星太白辰星各盈縮秝在周天象限已下者卽爲初限以上反減秝中餘爲末限

熒惑盈秝在盈初縮末限已下卽爲初限已上反減秝中餘爲末限縮秝在縮初盈末限已下卽爲初限已上反減秝中餘爲末限

捷法置各段下盈縮初末限入五星段目表取相同段下限度分初加末減之得次段盈縮初末限加至初末限界歲塡太白辰卽周天象限熒惑盈卽盈初

縮末限縮即縮初盈末限已上反減秝中餘爲末限

盈仍盈縮仍縮初末限界已上數不用減至不及減

反減限度分餘爲初限盈改縮縮改盈

求各段盈縮差

置各段盈縮初末限命度爲日入各星盈縮差表放日

躔法求之法見氣朔篇得各星各段盈縮差

求盈縮差又法今疇人止用捷法不知者以爲

大統法本如是去之益滋其惑姑兩存之內五星

俱用俗名見爲俗用非本法也

	木火		土	金水
秝號	加盈減縮 盈	縮	盈 縮	加盈減縮 減加縮盈

	木火		土	金水
秝號	加盈減縮 盈	縮	盈 縮	加盈減縮 減加縮盈

數策
捷積加減積加減積加減積捷積捷積
法度捷法度捷法度捷法度捷法度法度法度

初
度分秒微
加　一○四四○○
加　七六○八○○
加　三○二二○○
加　一四四五五六
加　一○七一○三
加　三四八二四
加　三八一二五

數策
捷積加減積加減積加減積捷積捷積
法度捷法度捷法度捷法度捷法度法度法度

六十九　一度三一四三七五
度分秒微
減　一五七七○
五九九
減　一七○八三八
二　三四一○○○○
加　一○九○○○
二　三四一○○○○
減　二二九九七
八二五○○○○
減　一五一一二
六二八○○○○
減　五二五七
二一三○○○○
減　五二五七
二二八○○○○

二
一　五二一九○六二　二三
度分秒微
九三三○四
一　一五九○○○○　一
五二三六八五
一　一五八○○○○　一
二九九六二四
四六○○○○○
一二八一二九
二二○○○○○　一
九七九○四
一六三○○○○　一
三二八五四
五三○○○○　一
三五四八二
五八○○○○

七　八
一　○六五三三四三七　一
度分秒微
四○○八一
五七五○○○○
二二一四三二　減
二　○八一○○○○　一
三六一三九　減
二　五○七○○○○　二
五五一九四
七九○○○○○
四二七一○
六○五○○○○
○一五一二二
二○五○○○○
二一五一七○
二二○○○○○

曉菴遺書大統秝法啟蒙　巳

	四		三	
〇	六	七八一七五六五	四	五二一八三四〇
度		微秒分度		微秒分度
		八〇一一六	加	八四八八七
五		〇〇〇〇一二四		〇〇〇〇五〇三
	減	九八二六九	加	三五二二〇三
五	二	〇〇〇〇五一四		〇〇〇〇五五九
		六八八八五二	加	九六一五八二
七	一	〇〇〇〇〇五三		〇〇〇〇六一九
		八四四三八	加	〇六七七〇一
七		〇〇〇〇九七五		〇〇〇〇五一四
		七〇七五六	加	五〇一四八
五		〇〇〇〇〇四四		〇〇〇〇二一三
		七九九二二	加	一一九八二
一		七四一		〇〇〇〇三〇一
		二一三四二	加	二八八〇三
一		九五一		〇〇〇〇二一一
	十一		九	
二	五一	二六五一七九六三	一	二五五七一二
度		微秒分度		微秒分度
		八四八八七	減	八〇一一六
三		〇〇〇〇一二四		〇〇〇〇四一五
		九六一五八二	減	五八八八五二
九		〇〇〇〇〇五三	一	〇〇〇〇四四七
		三五二二〇三	減	九八五六九
九	一	〇〇〇〇五一四	二	〇〇〇〇二六五
		〇六七七〇一	減	七四四三八
四		九七五		〇〇〇〇六〇七
		〇五一四八	減	七〇七五六
三		〇〇〇〇〇四四		〇〇〇〇〇四五
		一一九八二	減	七九九二二
二		〇〇〇〇七四一		〇〇〇〇二八一
		二八八〇三	減	二一三四二
一		〇〇〇〇九五一		〇〇〇〇六九一

五	
二一三五九〇六七	〇五二六七八
微秒分度	微秒分
〇七七五一	一八〇〇四
〇〇〇〇五七五	〇〇〇〇四一
四七〇九〇一	九三一六三
〇〇〇〇七〇五二	〇〇〇〇二六
八三八〇七一	三三四一二二
〇〇〇〇一八〇二	〇〇〇〇四四
七七九二二	四九一五五
〇〇〇〇〇九七	〇〇〇〇六〇
二二一五一	〇一七二四
〇〇〇〇五〇六一	〇〇〇〇〇四
七五二五	二一一五一
〇〇〇〇五〇二	〇〇〇〇二八
七五二五	〇七一五一〇
〇〇〇〇〇二二	〇〇〇〇六九
一十二	
七八六九〇四七六一	五二六〇七一
微秒分度	微秒分
四七四四〇一	四〇三三九
〇〇〇〇九五一	〇〇〇〇一〇
三五二二〇三	四二六九九二
〇〇〇〇〇六四	〇〇〇〇六一
八八八〇六七	五八六三二五
〇〇〇〇八五一一	〇〇〇〇五五
六五五四四一	九二一八二一
〇〇〇〇〇三二	〇〇〇〇五一
三〇一七〇一	四〇九七九
〇〇〇〇三六一	〇〇〇〇二一
五二八四三	二五八二三
〇〇〇〇三五	〇〇〇〇三〇
〇一一八三	二八四五三
〇〇〇〇八五	〇〇〇〇二一

右盈縮捷法鈐先後兩號積度相減得損益分微

下原本有纖今就近爲微

法曰置各段盈縮初末限入捷法鈐挨及減之餘爲實

眂在某號下挨及者挨取近少秝策也眂其近少秝

策在某號下取其號各星加減捷法因實加減鈐中自有加減字其盈縮積度得盈縮差此與前法所得盈縮差隨人所用

求盈縮差分及盈縮定差

置各段盈縮差通爲分命度爲萬分分爲百分秒爲分是曰盈縮差分

歲星熒惑塡星用一度太白用二度辰星用三度各因所得盈縮差是曰盈縮定差

求各段至後定分及泛距

置各段至後分盈加縮減其盈縮差分得各段至後定分加足歲周去之用六年天正冬至不及減者加歲

周減之用去年天正冬至以本段減次段得泛距不及減者加歲周減之

求各段加時定分及距日

置各段加時分盈加縮減其盈縮差分得各段加時定分加足紀法去之不及減者加紀法減之如日周而一命甲子算外得干支以本段減次段得距日不及減者加紀法減之

距日與泛距大約相同間有差一日者唯熒惑有差五十九日至六十一日者於減餘所得距日中加六十日爲距日距日錄止日

求各段所在月日

置各段至後定分加天正定餘爲各段定餘放氣候法
得各段所在月日
求各段定星度分
置各段中星度分以其盈縮定差盈加縮減之得各段
定星度分加足歲周去之不及減者加歲周減之夜半定星同
求夜半加減分
置各段加時定分小餘入五星段目表各取其初行率
因之得各段夜半加減分如其段無初行率者亦無
夜半加減分
求各段夜半定星度及距度

置各星各段定星度分順減逆加其夜半加減分得夜半定星度其段無夜半加減分者即以定星爲夜半定星度皆以本段減次段得距度唯納段以次段減本段得距度留段無距度距度錄止秒

求各段夜半宿度

置各段夜半定星度加其年天正黄道加足周天去之冬至換一次黄道亦換一次曰夜半宿積入黄道鈐挨及近少宿積度減之餘以次宿命之得各段夜半黄道宿度後省曰夜半宿度

求各段平行分

置各段距度如其距日而一得平行分錄止微

求各段增減差

欲求某段增減差取本段之前段平行分及本段之次段平行分相減曰泛差如五而一得增減差其無泛差者別見於後

求各段初末日行分

置各段平行分眂其前後兩段之平行分前多後少者以增減差增爲初日行分減爲末日行分前少後多者減爲初日行分增爲末日行分皆增減於本段平行分

求各段日差

置各段增減差倍之乘日差爲實以距日減一爲法實

如法而一得各段日差錄止纖

無泛差而見增減之法

五星合伏咸置其次段初日行分加日差之半爲本段末日行分

歲星熒惑塡星夕伏太白辰星晨伏咸置其前段末日行分加日差之半爲本段初日行分歲星熒惑晨遲末塡星晨遲辰星夕遲咸置其前段末日行分倍減日差爲本段初日行分歲星熒惑夕遲初塡星夕遲辰星晨遲咸置其次段初日行分倍減日差爲本段末日行分各與平行分相減爲增減差眂所得初末日行分多於平行分者曰減少與平行分者曰增

皆以增減差增減於平行分先得初日者卽得末日先得末日者卽得初日各行分

太白夕遲末晨遲初眂其距日入不論分鈐取相同距日下不論分與距日相因爲增減差夕增晨減於平行分爲初日行分夕減晨增於平行分爲末日行分

歲星熒惑塡星晨納夕納以六度因其平行分如一十度而一各爲增減差晨減夕增爲初日行分晨增夕減爲末日行分太白夕納伏合納伏以三度因其平行分如二十度而一辰星夕納伏合納伏置其平行分半之各爲增減差夕減合增爲初日行分夕增合減爲末日行分 內言增減皆增減於平行下同

各照前法求之得總差日差

太白夕納置其次段初日行分去日差爲本段末日行分晨納置其前段末日行分去日差爲初日行分各與平行分相減爲增減差夕減爲初日行分晨減爲末日行分依前求之得總差日差

不論分秒

距一十五日　八十七秒四十九微六十纖

距一十六日　八十八秒二十三微一十纖

距一十七日　八十八秒八十八微五十纖

求日行分

置各段初日行分𥄊多於末日行分者減少於末日行

分者宜加以日差累加累減之至末日行分相同而止爲各日行分

求逐日夜半黄道宿度

置各段夜半宿度卽爲其日夜半黄道宿度以初日至末日各日行分依敘順加逆減之至次段相同而止得逐日夜半黄道宿度合各段得全周或周歲逐日夜半黄道宿度後省日夜半宿度加足本宿減之餘以次宿命之減至不及減者加前宿減之餘以前宿命之

求交宮

置各黄道交宮宿度眡各星逐日夜半宿度順行則取

同宿而度分近少者逆行則取同宿而度分近多者皆與交宮宿度相減餘如其星本日行分而一爲交宮分以半時法及刻法約之爲時刻命子正初刻初初分算外得時刻分其日即近少度分之日也太白辰星或無同宿而度分近少之日於黃道過宮度分加其前宿度分相減餘如上術得過宮日辰刻分

求各星距日行分

置五星周歲各日行分與同日日躔行分順行相減逆行相從爲各星每日距日行分

求各星順逆合望

五星咸於合伏及合伏前後數日眂日躔夜半宿度近

少於歲星熒惑填星近多於太白辰星夜半宿度者相減若非同宿者日在前宿則以前宿加星行宿度星在前宿則以前宿加日躔宿度相減餘爲實如其日距日行分而一爲順行合分

歲星熒惑填星置其夕退夜半宿積加半天周足天周去之入黃道鈐挨及近少宿積減之餘以次宿命之曰退望宿度與夕退初日日躔夜半宿度相減餘爲初日眂日躔夜半宿度少於退望宿度者以本段初日之距日行分爲初法初實如初法而一得退行望分日躔夜半宿度多於退望宿度者取前段末日之距日行分爲初法以初實減初法餘爲次實如初法

而一得退行望分若日星不同宿者依順合法以半
時法刻法約之依術命之得日時刻分
補法　日躔夜半宿度少於退望宿度而初實大於
初法者內減初法餘爲次實進一日取其距日行分
爲次法而一得退行望分若次日又大於次法者更
進一日依上術求之　日躔夜半宿度多於退望宿
度而初實大於初法者退一日取其距日行分爲次
法與初法相從內減初實餘爲次實如次法而一得
退行望分初實又大於相從數者更退一日取其距
日行分爲次法三法相併依上術求之眂進退若干
日卽以其日命之

太白辰星於合退伏及合退伏前後數日眡日躔夜半宿度近少於二星夜半宿度者相減不同宿者依順合法餘如其日距日行分而一得退行合分以半時法及刻法約之依術命之得日時刻分

求日星晨昏度

置日躔周歲日行分以其日晨昏分因之爲晨昏行分各加其日日躔夜半宿度得晨昏宿度

置五星周歲各日行分以其晨昏分因之爲晨昏行分以其日各星夜半宿度加之得晨昏宿度晨伏晨見用晨夕伏夕見用昏

求伏見日

歲星熒惑之晨疾初塡星之晨疾太白之晨退辰星之晨留皆曰晨見之段太白夕疾初辰星夕疾皆曰夕見之段歲星熒惑塡星夕伏太白辰星夕退伏皆曰夕伏之段太白辰星晨伏皆曰晨伏之段

晨見晨伏置其段初日之晨宿度加本星伏見度晨宿度者其星之晨宿度也　加足黃道宿度遞去之與日躔同宿而止夕伏夕見置其段初日之日躔昏宿度加本星之伏見度加足黃道宿度遞去之與本星同宿而止爲伏見宿度晨與日躔晨若仍不同宿者遞加日躔晨宿之前宿度分昏與星行昏若仍不同宿者加星行昏宿之前宿度分相減餘爲伏見差以

伏見差約略求之即可得伏見日但不可爲下學法在知者神會耳

眂伏見宿度晨多於日行晨夕少於星行昏各宿度見進伏退於各段初日晨少於日行晨夕差於星行昏各宿度者伏進見退於各段初日累進累退自進退一日以至數日每日依初日術求其伏見宿度與日星晨昏宿度相較至多少相反者如甲日伏見宿度多於日星晨昏宿度而乙日伏見宿度少於日星晨昏宿度之類以相反之下日爲伏見定日相反必有兩日取其下日如甲乙兩日相反取其乙日是也

一日晨見夕伏取伏見宿度多於日星晨昏宿度之

日夕見晨伏取伏見宿度少於日星晨昏宿度之日歲星熒惑塡星一終咸各一伏一見太白辰星一終咸各再伏再見但太白以再見爲常辰星則有伏而不見者其法眂辰星或夕或晨遲疾之際本星日行分已等於日躔日行分而日星晨昏宿度相減（不同宿者晨以日躔宿之黃道前宿度分遞加於日躔晨宿度夕以辰星昏宿之黃道前宿度遞加於辰星昏宿度各至同宿而後相減）不及夕伏晨見度者其半周辰星不見（雖在夕見晨伏度已上亦不注見）

求五星平合見伏入盈縮厤（已下附見郭術并大統法）

眂所求各段定積日分即至後分如在半歲周已下爲
盈秝已上内去半歲周餘爲縮秝

求行差

各以其段初日星行分與其太陽行分相減餘爲行差
退段者相併爲行差留段者直以其太陽行分爲行
差

求五星定合伏見泛積

木火土以平合晨見夕伏定積日即爲定合伏見泛積
日分　金水則置其段盈縮差度分水倍之各以其
段行差除之爲日分在平合見伏者盈減縮加在退
合伏見者盈加縮減爲定合見伏泛積日分

求五星定合定積定星度分

木火土各以其平合行差除其段太陽盈縮積爲距合差日分以太陽盈縮積減之爲距合差度各置其星定合泛積日分以距合差日盈減縮加之爲定合定積日分以距合差度盈減縮加之爲定合定星度分

金水各以其平合退合行差除其日太陽盈縮積爲距合差日分順加退減太陽盈縮積爲距合差度順合者以距合差日盈加縮減泛積日爲定積日以距合差度盈加縮減泛積度爲定合定星度退合者反是加減之爲定積日及定合定星度 以天正冬至日分加定合定積日分足旬周 即紀法 去之命甲

子算外得定合日辰　以天正黃道加定合定星度
分足黃道宿次度分去之卽得所躔黃道宿度
　求五星定見伏定積日

木火土置其定見伏泛積日分晨加夕減歲象限如在
半歲周以下自乘以上反減半歲周餘亦自乘如七
千五百度而一以其伏見度乘之以一十五度因其
行差而一爲日行分見加伏減於泛積日分爲其定
見伏定積日分　金水各以伏見日行差除其段太
陽盈縮積爲日分平伏見夕見晨伏盈加縮減退伏
見夕伏晨見盈減縮加其定伏見泛積日爲常積在
半歲周以下爲冬至後以上去之餘爲夏至後眂在

歲象限以下自乘以上反減半歲周餘自乘又以伏見度乘之爲實冬至後晨夏至後夕以二萬八千度夏至後晨冬至後夕以一十○萬五千度各因其段行差爲法實如法而一爲日分晨見夕伏冬至後加夏至後減夕見晨伏夏至後加冬至後減加減於常積爲定積日分依定合定積命之卽得日辰

大統秝法啟蒙

步交會一

交周諸率

交周二十七萬二千一百二十二分二十四秒

正交總食限　盈秝九千八百分以下二十五萬四千分以上　縮秝一萬一千六百分已下二十五萬五千八百分已上

中交總食限　盈秝一十二萬四千五百分已上一十五萬一千一百分已下

交終度三百六十三度七十九分三十四秒一十九微

交中度一百八十一度八十九分六十七秒○九微

五十纖

交望一百九十七度三十九分三十五秒五十七微

交差度三十○度九十九分三十六秒九十五微

月平行一十三度三十六分八十七秒五十微

求入限之月

置所求各月定朔定望見氣朔篇晛定朔小餘在日出分已上日入分以下日出入分即月離篇晨昏分曰晝朔定望小餘在日入分以上日出分以下曰夜望晝朔夜望可見全食朔在日出分前日入分後各二百五十分之內望在日入分前日出分後曰晨昏朔望晨昏朔望可見帶食

置晝朔夜望及晨昏朔望之日依月離篇求得其月經朔或經望交泛分在正交中交總食限之內者爲入限之月

求交常度

置入限之月經朔或經望交泛分以月平行度因之得交常度

捷法置其月交常度加交差度得次月交常度累加交差度得以次各月交常度　置其朔交常度加交望得其望交常度欲求前月望交嘗度者置其朔交嘗度減交望即得凡加至交終度已上者內減交終度當減而不及減者加交終度減之下節倣此

求交定度

置所得交常度加減其元得盈縮差見氣朔篇　盈加縮減　得交定度

右入交通法

步交會二

日食諸限

正交三百五十七度六十四分是日正交限

交定七度已下三百四十二度已上爲正交食限

交泛五千七百九十秒已下二十六萬〇五百三十〇分四十秒已上

中交一百八十八度〇五分是日中交限

交定一百七十五度已上二百〇二度已下爲中交

食限

交泛一十三萬〇二百六十五分已上一十四萬七千六百五十三分已下

陽秝限六度定法六十分

陰秝限八度定法八十分

南北總差四度四十六分

泛差法一千八百七十度卯酉分二千五百分

時差法九千六百分

日食法二十分晝定法五千七百四十分

求近交之朔

眂其朔交定度在正交或中交日食限以內者爲近交之朔日食限外者不推

求午前午後

置近交之朔小餘在半日周以下者以減半日周餘爲午前分在半日周已上者與半日周相減餘爲午後分　又日中前中後分

求時差

置午前午後分與半日周相減相因如時差法而一得時差午前爲減午後爲加

求食甚定時及距午定分

置定朔小餘以時差加減之得食甚定時用半時法及

刻法約之命子正初刻初初分算外得辰刻分

食甚定時與半日周相減爲距午定分

求食甚定時入秝及盈縮初末限

置經朔入秝分加減其元加減差得定朔入秝分又以時差午前減午後加之得食甚定時入秝分加者至歲周以上內減歲周減者至不及減加歲周減之月食放此依氣朔篇得盈縮秝及初末限

求盈縮差

置食甚定時入盈縮初末限依氣朔篇求之得盈縮差

求食甚日躔黃道行定及冬夏至後初末限度

命食甚定時入秝分爲度以所求盈縮差盈加縮減之

得食甚日躔黃道行定度眂在半歲周度以下爲冬至後以上內減半歲周度餘爲夏至後又眂冬夏至後度在氣象限已下爲初限已上反減半歲周度餘爲末限

求食甚半晝分

置食甚定時入盈縮秝分其大餘以日周約之爲日盈日冬至後縮日夏至後入半晝分表取相同日下晝夜差因其小餘冬至後加夏至後減加減於其日半晝分爲食甚半晝分

求食甚入轉及遲疾限

置經朔入轉分加減其元得加減差爲定朔入轉分又

以時差午前減午後加之得食甚入轉分（加者至轉終以上內減轉終減者至不及減加轉終減之月食放此）以至限因之得入轉限（錄止限）

求定限行度

置食甚入轉限入月離遲疾行度表取相同限下遲疾行度內減入限日行分餘為定限行度

求南北泛差

食甚入初末限度自因如泛差法而一得數以減南北總差餘為南北泛差

求南北定差

以南北泛差因距午分如食甚半晝分而一得數以減

泛差南北定差眂食甚定時盈縮初末限盈初縮末
正交爲減中交爲加縮初盈末正交爲加中交爲減
若得數多而泛差少不及減者以泛差反減之其加
減與上相反

求東西泛差

食甚冬夏至後度與半歲周度相減相因如泛差法而
一爲東西泛差

求東西定差

以東西泛差因距午分如酉卯分而一得數在泛差已
下即爲東西定差如在泛差已上倍泛差相減餘爲
東西定差眂食甚定時入盈縮秝盈秝正交中前爲

滅中後爲加中交中前爲加中後爲滅縮秝正交中前爲加中後爲滅中交中前爲滅中後爲加

求正交中交定限

朓交定度在正交日食限內者置正交限在中交日食限內者置中交限咸以南北暨東西差言加者加之滅者滅之得定限正交中交仍爲中交

求陰陽秝

置交定度朓在交定限以下者用滅交定限餘爲交前度在交定限已上者內滅交定限餘爲交後度正交交前爲陰秝交後爲陽秝中交交前爲陽秝交後爲陰秝

求日食分秒

置交前或交後度陽秝與陽秝限相減陰秝與陰秝限相減餘爲日食限不及減者不食置日食限陽秝如陽定法而一陰秝如陰定法而一得日食分秒

求定用分

置日食分秒與日食法相減相因爲開方積平方開之得數以晝定法因之如定限行度而一爲定用分

求初虧定時

置食甚定時內減定用分得初虧定時依食甚法得辰刻

求復圓定時

置食甚定時加定用分得復圓定時依食甚法得辰刻

求方位

陽厯　初虧西南　食甚正南　復圓東南

陰厯　初虧西北　食甚正北　復圓東北

食至八分以上日既　初虧正西　復圓正東

右日食

步交會三

月食諸限

前準一百六十六度三十九分六十七秒

後準一十五度五十分

正交一萬一千五百九十二分已下二十六萬〇五

百三十分已上

中交一十二萬四千四百分已上一十四萬七千六

百五十三分已下

月食定限一十三度○五分 月食定法八十七分律歷

考作八十七度用同

月食法三十分 旣內法一十五分 夜定法四千九百

六十分 酉分二千五百分 卯分七千五百分

求陰陽秝及近交之望

視其望交定度在交中度已下曰陽秝已上內減交中

度餘曰陰秝眡陰陽秝在後準已下前準已上爲近

交之望

求酉卯前後分

視近交之望定望小餘在酉分已下曰酉前已上半日周相減餘爲酉後分已下內減半日周餘爲卯前卯分已上以減日周餘爲卯後

時差

以酉卯前後分與日周相減餘如百分而一爲時差

求食甚定時

置定望大小餘分加時差得食甚定時依日食法得辰刻

求食甚入秝及盈縮初末限盈縮差

置經望入秝分加減其元加減差得定望入秝分又加

其時差分得食甚入秝分依氣朔篇求之得盈縮初末限及盈縮差

求食甚日躔月離黃道行定度

依日食法得食甚日躔黃道行定度加半天周足天周去之得食甚月離黃道行定度

求夜半入秝分

置食甚入盈縮秝分內減食甚定時小餘為夜半入盈縮秝大小餘分不及減者加半歲周減之盈改縮縮改盈

求夜半分及晨昏分

置夜半入盈縮秝大小餘以日周約之為日盈取冬至

後縮取夏至後入半晝分表取相同日下晝夜差因
其小餘盈用加縮用減相同日下半晝分又以半日
周加之爲昏分減日周得半夜分又爲晨分
求食甚入轉及遲疾
放日食法求之惟時差有加無減即得
求定限行度
放日食法求之即得
求月食分秒
置陰陽歷在後準已下爲交後度在前已上與交中度
相減餘爲交前度
置交前或交後度與月食定限相減餘爲月食限不及

減者不食如月食定法而一得月食分秒

求定用分

置月食分秒與月食法相減相因平方開之又以夜定法因之如定限行度而一得定用分

求既內定用分

月食至十分已上者曰既內減一十分餘爲既內分與既內法相減相因次依求定用法得既內定用分與用分相減餘曰既外定用分

求初虧復圓定時

依日食法得月食初虧復圓定時及辰刻

求食既生光定時

月食既者置食甚定時減既內定用分爲食既定時加既內定用分爲生光定時依上諸術得辰刻

求方位

陽秝　初虧東北　食甚正北　復圓西北

陰秝　初虧東南　食甚正南　復圓西南

食既　初虧正東　食既正東　生光正西　復圓正西

求更點

置夜半分倍之爲全夜分取全夜分五分之一爲更率

取更率五分之一爲點率

置食甚定時小餘內減昏分子正後不及減者加日周

減之餘如更率而一命一更算內得食甚更數不足更率即命爲一更得更率一命爲二更得更率二命爲三更得更率三命爲四更得更率四命爲五更餘不足更率之分如點率而一命一點算內得食甚所在之更之點數不足點率即命爲某更一點得點率一爲某更二點得點率二爲某更三點得點率三爲某更四點得點率四爲某更五點

初虧食既生光復圓俱依此求之各得所在更點之數在一更二點之下五更四點之上曰昏明分若在昏分已下晨分已上俱曰在晝月食雖在子正已後祇以上日命之而注以夜即食甚在晨分已上而初虧可見者亦用此

法

右月食

步交會四

求食甚躔離黃道宿度

置食甚日躔月離黃道行定度加天正黃道度爲黃道宿積入黃道宿積鈐挨近少黃道積度減之餘以次宿命之得食甚定時日躔月離黃道宿度日食專求日躔月食兼求日躔月離次視宿度所在宮次卽以其宮次命之

求交食總積刻分

倍定用卽爲日食月食總積刻分倍數如刻法而一下

同

月食既者倍既內定用爲既內總積刻分與月食總積刻分相減餘爲既外總積刻分

右日月交會總法

求日出入定時

置交食之日依月離篇求晨昏定分晨定分即日出定時昏定分即日入定時以半時法及刻法約之命子正初刻初分視外得辰刻

求帶食分秒

視食甚定時與日出入定時相近者用以相減餘爲帶食差以因日月食全分如定用分而一爲帶食較以減日食月食全分餘爲帶食分秒不及減者無帶食

月食既者視既內定用大於帶食差以帶食差因既內分秒如既內定用分而一爲帶食較既內定用小於帶食差卽相減餘以十分因之如既外定用而一爲差較依上法得帶食分秒

求見食見復不見食不見復分秒

視食甚定時日食在日出定時已上月食在日入定時已上以帶食分秒爲不見食以帶食較爲見食分秒日食在日出定時以下月食在日入定時以下以帶食分秒爲見復以帶食較爲不見復分秒

求見食及不見食刻分

視食甚定時日食在日出定時已上月食在日入定時

已上以帶食差減定用餘爲不見食時加定用爲見食時日食在日出定時已下月食在日入定時已下以帶食差加定用爲不見食時減定用餘爲見食時各以刻法約之得刻分

右帶食

曉菴遺書之四

雜著

秝策

古之善言秝者有二易大傳曰革君子以治秝明時子輿氏曰苟求其故千歲之日至可坐而致秝之道主革故無數百年不改之秝然不明其故則亦無以爲改憲之端太初以來治秝者七十餘家莫不有所修明當時亦各自謂度越前人而行之未久差天已遠往往廢不復用何也是在創法之人不能深推理數而附合于著卦鍾律以爲奇增損于積年日法以爲定或陰用前法而稍易其名或偶悟一事而自足其知欲其永久無弊豈可得哉執事以新法既非舊法未必無悞而博訪于

草澤也此正愚所樂得而縷陳者也欲知新法之誠非須核其非之實欲使舊法之無悞宜釐其悞之繇然後天官家言在今可以盡革其弊將來可以益明其故矣舊法之屈于西學也非法之不若也以甄明法意者之無其人也今考西秝所爭勝者不過數端疇人子弟駭于䎃聞學士大夫喜其瑰異互相夸耀以爲古所未有孰知此數端者悉具舊法之中而非彼所獨得乎一曰平氣定氣以步中節也舊法不有分至以授人時四正以定日躔乎一曰最高最卑以步朓朒也舊法不有盈縮遲疾乎一曰眞會視會以步交日也舊法不有朔望加減食甚定時乎一曰小輪歲輪以步五星也舊法不

有平合定合晨夕伏見疾遲畱退乎一日南北地度以步北極之高下東西地度以步加時之先後也舊法不有里差之術乎大約古人立一法必有一理詳于法而不著其理理具法中好學深思者自能力索而得之也西人竊取其意詎能越其範圍就彼所命創始者事不過如此此其大略可覩矣至于日刻之改天度之殊則習于師說而不能變通反以伐能爭勝齮齕異已不知果何關于疎密乎且新法布算悉用秝表日行惟一而日躔表與五緯表差至五十五秒月轉惟一而月離表與交日表差至二十三分日差惟一而日躔與月離各具一表則躔離安得合天加時安得晝一乎是以辛丑

臘月晦辰新法非朔而謂朔癸卯七月望食新法當既而不既其爲譌謬昭然其見不可掩也夫新法之戾于舊法者其不善如此其稍善者又悉本于舊法如彼然則當專用舊法乎而又非也元氏之後載祀三百未經修改法雖盡善安能無弊故年遠數盈則秝元四應或弗密也朓朒過强則朔望加時或弗協也交限失眞則薄食分秒未可定也緯度不紀則淩犯有無難預期也至如五星段目昔人止錄舊章黃道辰宿迄今獨用辛巳何可以爲定法乎若是則何從而可從乎天而已古人有言當順天以求合不當爲合以驗天法所已差固必有致差之故法所吻合猶恐有偶合之緣測愈久則

數愈密思愈精則理愈出以古法爲型範而取才于天
行考晷漏審圭表愼擇八詳著法則異同之見漸可盡
泯成憲一定不難媲美羲和高出近代矣

聯耆遺書

三

厤說一

夫治厤者不能以天求天而必以人驗天則其不合者固多矣雖幸而合久必乖焉何也天地終始之故七政運行之本非上智莫窮其理然亦祇能言其大要而已欲求精密則必以數推之數非理也而因理生數卽因數可以悟理自漢以後厤家之疎密吾知之矣大約因前人之差稍爲進退于積年日法之閒卽自命作者此于厤數尙有所未盡況厤理乎至郭守敬始悉去其弊而返而求之測景漸近自然然其法上考數千年冬至交食十得六七而下驗二十年閒或當食不食或食而失推則何也今取守敬所測至日之景卽以其法求之

其自相牴牾者不止一事以此知當時厤法不免傅會故未久而差非實測之失也且守敬所立三差法于割圜之學猶非密率此其失又在數而不在理矣元統修大統秝雖錄守敬舊章然覺其未密故去消長不用而又別寫土盤經緯秝法分科互測以爲改憲之端惜乎疇人子弟習常肄舊無有能會通而修正之者近代西洋新法大抵與土盤秝同源而書器尤備測候加精崇禎二年五月朔食大統土盤二法俱不合徐文定公以新法推之頗近於是有秝局之設而文定以爲欲求超勝必須會通會通之前先須翻譯翻譯有緒然後令甄明大統深知法意者參詳攷定其意原欲因西法而求

進非盡更成憲也乃文定既逝而繼其事者僅能終翻譯之緒未遑及會通之法至矜其師說齮齕異已廷議紛紛有爲之解者曰交食節氣用新神煞月令用舊不知此于理數何關輕重耶今西法且盛行向之異議者亦詘而不復爭矣然以西法爲有驗于今可也如謂不易之法無事求進不可也夫秝理一也而秝數則有中與西之異西人能言數中之理不能言理之所以同儒者每稱理外之數不能明數之所以異此兩者所以畢世而不相通耳余究心此事略已有年謬以秝法至今已密然不能必後日之不疎而過宮節氣之改天經地緯之差苟不能畫一以求至當將見天下後世必有起

而議之者又安在其久而無弊哉故略舉數事粗明理數之本至于測驗乖合則非口舌所能爭勝亦曰以天求天而已

二

漢劉洪造乾象秝覺冬至後天始減歲餘韓翊疑其損分太過後必先天自今觀之乾象斗分猶失之强況如韓翊所言乎故後世屢差屢改亦屢損歲實至統天授時二秝而損分極矣大統秝歲餘因舊不用消長以授時法律之冬至漸宜後天而三百年來漸反先天故有議增歲實者但冬至雖合而夏至乃後天三十餘刻損益兩窮而西人平歲定歲之法獨操其勝矣其言曰論

平歲則消實之說近論定歲則加實之說近然西秝以歲實求平歲以均數求定歲則所主者消實之說也所消小餘視郭秝爲更促不知億萬年後將漸消至盡抑消極復長耶又言經星東行故節歲之外別有星歲經星常爲平行星歲亦無消長以中法通之星行者即古之歲差星歲者即古之天周異名同理無關疎密唯古以歲差繇赤道今以歲行繇黃道則新法爲善耳所可疑者節歲與星歲之較即經星東行之率必節歲與星歲俱無消長或消長數同則歲差始可平行今星歲有定而歲實漸消則兩行之較將來愈多豈得以五十一秒永爲定法乎黃赤距度古遠今近最高運移古疾今

徐不同心差古多今少中秝積久因循新法特爲剖析但既知其故亦宜立法加減方可上考下驗用幾何之術凡有三測皆可推全周西史所載不止三測而迄無成法豈以舊測未足盡據耶倘古測既爲今日所疑近測又非後人所信畫一之法何時可立不如及今求其定率卽有微差他日測驗修改亦易爲力矣其論經星云赤道經度有變黃道經度不變故斷棄赤道專用黃道寧不思經星黃緯亦有變遷乎緯度有變必自有本道本極不直行黃道也經星本極未定但從黃極分經歲久漸差距可復用餘如太陰五星本道本極已有定距而新秝測算悉用黃道反不若舊秝尚有推變白道

一術也歲實消長其說不一謂繇日輪之轂漸近地心其數浸消者非也日輪漸近則兩心差及所生均數亦異以論定歲誠有損益若平歲歲實尚未及均數其消長之源于兩心差何與乎識者欲以黃赤極相距遠近求歲差朓朒與星歲相較爲節歲消長終始循環之法夫距度既殊則分至諸限亦宜隨易用求差數其理始全然必有平行之歲差而後有朓朒之歲差有一定之歲實而後有消長之歲實以有定者紀其常以無定者通其變迺可垂久而無戾矣請以質之知秝者

三

中秝主日日均則度有長短西秝主度度平則日有多

寡雖非疎密所係然實敬授之首務不可不辨也考之西法紀日以日月七曜紀度以白羊諸宮率四年而閏一日無干支氣候閏月之法也今以西之宮度爲中之中氣折半爲節氣一以天度爲本而日辰則隨時損益因譏舊法平氣不免違天或以時計或以月計至二分則先後二日獨不思二分與二正原不同日乎二日之差適分正之異非立法疎也又如各氣雖皆平分而盈縮一法自具日躔不察其故而槩指爲謬豈通論乎或曰四時寒燠皆本日行則節氣亦宜以西法爲正曰四時寒燠因日行之南北不因日行之東西而西法唯主經度經度者東西度也以經度求黃赤距差絶非平行

二分左右經度之一距差幾及其半二至左右經度之一距差僅以秒計故但主日辰則平氣已足若主天度則須兼論距緯如四立爲分至之中中西皆然今以距至四十五度爲立春定氣此時日距赤道尚十六度有奇則所謂中者經度之中非距緯之中也距緯之中在距至五十九度已上設止用經度亦祇可謂天度之平氣于日行南北未有當也周天宮界秝家所設以步躔離古謂歲有歲差故宮界常定今謂星有本行故宮界漸移二者似無失得然新法定以冬至起丑于義何居夫宮界之分本用堯時冬至日躔在虛定爲子半四千禩間歷丑至寅安在冬至當起丑初也況星紀元枵諸

次本乎星名今古無異若隨節氣遞遷則鳥咮可爲元枵而虛危可爲鶉首有是理哉故從天周分宫則冬至今當在寅卽從節氣分宫則冬至亦當起子若因宋時冬至偶値丑初而强襲其名則亦進退無據之甚矣新法以本月之内太陽不及交宫因無中氣遂置爲閏以中氣爲過宫雖與舊異以無中氣之月置閏仍與舊同其不同者舊用平氣新用定氣故前後或差至三月平氣兩策必三十日有奇無一月三氣之法定氣兩策多且三十餘日少至二十九日有奇冬月大盡者一月之内可容三氣設兩中氣在晦朔之間節氣在望必前後有二月俱無中氣此歲之閏將安置乎使置閏在前則

歸餘非終置閏在後則履端非始旣不可置閏于兩中氣之月又不可一年再閏若稍爲遷就又非不易之法不知何術可以變通大略西之宮閏實難與中法並行而會通兩家又非目前諸人所及故不勝齟齬之病也

四

交食至西秝亦略備矣以交緯定入交之淺深以兩經定食分之多寡以實行定虧復之遲速以升度定方位之偏正以黃道中限定日食之時差以北極高卑定視距之遠近以地度東西定加時之早晚皆前此秝家所未喻也乃所推戊戌仲夏朔食漸西見食差天半分復明先天一刻己亥季春望食帶食分秒所失尤多古以

差天一刻爲親則今日所推尙未疎遠然差數已著則致差之故豈宜不講太陰惟定朔定望在小輪最近外此卽有次均加減亦猶五星于衝合之外卽有歲行加減也凡推五星淩犯不能舍歲行而交食諸論獨廢次均豈以五星淩犯宿座不必衝合太陽日月自相掩食必在定朔定望也耶不知惟月食食甚實在定望止用入轉可得密合初虧復明距望久者不下數刻用求倍離得二度有奇兩均之較亦且數分參差之故宜所不免至若日食不惟虧復二限不在定朔卽食甚之時亦非眞會晨近初升夕近將降東西差分或過一度倍離亦過二度止論食甚已不能以入轉均數求其必合何

況晨食之初虧晚食之復明距度尤遠者哉今皆置不復論不可謂非法之疎也中秝月食一十五分其求既內定用授時秝以一十分爲既內用分與句股術合大統秝則以十五分爲既內用分數既加則定用必多與實測稍近使非本于天驗何以得此然以句股之理究之則不合矣西法食分隨引數爲多少食既之數多至十九分强足洗從前之繆今研察其理亦有可疑者其說曰月在最卑視徑大故食分小月在最高視徑小故食分大余以爲視徑大小僅從人目食分大小當據實徑太陰實徑不因高卑有殊地景實徑實因遠近損益最卑之地景大月入景深食分不得反小最高之地

景小月入景淺食分不得反大此與幾何公論自相矛盾倘亦致差之一端乎五緯秝言星近地心者緯度多遠地心者緯度少竊謂星誠有之月亦宜然不知交道有變差徒以視徑定食分非秝理也推步之難莫過交食新法於此特爲加詳有功秝學甚鉅然究極元微不能無漏在今已見差端將來豈可致詰是望窮理之士商求精密非一人之智所能盡也

五

天問曰圜則九重孰營度之則七政異天之說古必有之近代既亡其書西說遂爲創論余審日月之視差密五星之順逆見其實然益知西説原本中學非臆撰也

請舉其槩五緯秝指謂日月本天以地心爲心五星本天以太陽爲心斯言是矣唯謂星天或包日天之外諸圜能相割相入則未敢以爲信也蓋日爲列曜之宗本天亦應最大五星諸圜悉在其內隨之斡旋太陽則居本天之心而繞地環行五星各麗本圜之周而繞日環行二法不同也知日天與星天異法則知日行一規本非天周亦無實體諸圜不必相割相入矣新法既云星天以太陽爲心則本天之行卽爲歲行迺復設本天仍似以地心爲心法旣不定安所取衷乎余考木火土三星之行與金水二星不同金水二星于本圜右旋木火土三星于本圜左旋皆爲日天所挈而東猶日天爲宗

動所挈而西也左旋之數土最疾木次之火又次之自右旋論則疾者反遲遲者反疾故合日在最高者法應遲而視行爲疾衝日在最卑者法應疾而視行爲遲爲退葢本圜之遲疾爲左旋而視行之遲疾則右旋也此理甚明何莫之察耶近見湯氏所推又有異者五星唯金水有順逆二合順合者星在日後而追及于日逆合者星在日前而退與日遇此秝家所習聞也乃所推戊戌歲四月戊辰七月丙午十一月丁巳水星皆先過日又秝數時而後順合五月乙丑水星先在日後亦秝數時而後退合若言握算偶誤則剏法之初當倍詳慎必無屢悞若言無悞吾又未得其說夫星在日前順行益

遠星在日後退行益離安得再合天行有漸差而無僭差豈容一日之內驟進驟退曾無定率如是乎又據秝指萬秝乙酉測定金星最高在夏至前四十五分歲移一分半强水星最高在冬至前二十九度半歲移一分太强距今戊戌七十三年金星過最高當在五月戊午而彼在辛丑水星過最高當在十月壬辰而彼在癸巳癸巳壬辰僅差一日或用新測推改我不敢知辛丑戊午相距半月已上卽使舊測疎遠亦恐未必至此再考金星正交在最高前十六度湯氏所用正與此近豈卽入交日卯入交者南北緯度所生高卑者盈縮均數所生使入交可名高卑將盈縮亦可名南北乎五星各有

交行各有最高唯水星同行同度金星兩行雖同度限
迥別驗之近測此術未爲戾天卽欲合爲一必有灼見
至論然察其法又似實未嘗改不知何故參用交行十
餘年來無不如此也中法用表圭測月孛西法譏之今
以高卑命交行得毋復爲將來所譏此于秝術非爲細
故明理之家必有辨其得失者矣

日月左右旋問荅

令望錫綸侍於曉菴先生縱言至於天行先生曰秝家言日月右旋于天而儒者乃云隨天左旋二子何執令望曰以弟子觀之則右旋也先生曰先儒曰天無體以二十八宿爲體行日一周而過一度日行日一周不及天行一度月又不及日行十二度有奇不及天十三度有奇觀其出入卯酉則左旋可知令子以爲右旋右旋誠是也然亦有說乎令望曰謂天無體以二十八宿爲體不知二十八宿有所麗乎無所麗乎列宿至衆既不能共爲一體安得指爲天體況又無所係屬若鳥飛空而魚遊于淵必將前後左右參錯紛挐然而自古至今垂象若一

不得謂之無所麗也既有所麗則所麗卽天不得謂天無體也錫綸曰列宿麗天故垂象有常是信然矣日月經緯乎天遠近無定此不麗天而與天並行互為離合之徵也先儒之言殆亦未可棄乎今望日日月經星各麗一天而各天之行又皆循于左旋之天是皆可以管窺表測知其高卑上下不容誣也錫綸曰窺測之法學諸夫子矣今所欲辨者日月右旋之實耳今望日望嘗於初昏見月在某星之西候之未久而月星同度頃復候之而月過而東此右旋之實可仰觀而得不煩籌策也先生曰先儒固言日月隨天西行比天差緩經星附著于天故逐及于月而更出其前非月行就星而過其

東也令望曰日食初虧于西月東進而掩日也復明于東月更進而離日也月食初虧于東月東進而受侵于闇虛也復明于西月更進而東出于闇虛也若使左旋則日月初虧復明皆當東西易位矣先生曰先儒又言日遲于天而疾于月闇虛在日之衝遲疾與日正等日行逐及于月而受掩故初虧於西闇虛逐及于月而侵月故初虧于東日西行而過月故復明于東闇虛離月而西去故復明于西是猶月行越星與星行越月之見耳未足爲右旋之左券也令望曰日月嘗爲平行而自人視之則有朓朒朓者日月在卑近人而視行大于實行朒者日月在高遠人而視行小于實行若云左旋則

朒反爲朓朓反爲朒矣錫綸曰日月乘氣而行行有緩急非由高卑近年西人始有是說豈可信乎令望曰夫乘氣而行者緩急不倫不可以率度而求日月雖有朓朒而朓朒未常無敘當必有所以朓朒之故不可以虛理臆斷也日月高卑通其術者能以咫尺之器測量而知秝術因多古人所未覺而後人始明者又何疑于西說乎況乎日月徑體時大時小高遠見小卑近見大尤易知也今試以數求之朓朒之差與高卑之差爲相似之比例高卑之差與大小之差亦爲相似之比例此三差者必皆相因而生故知平行爲日月之自行朓朒爲人目之視行也錫綸曰進而見贏者退亦見贏進而見

縮者退亦見縮然則進行之度可因高卑以爲增損豈獨不及天行之度不可因高卑以爲增損乎先生曰朓朒分於一周故一周之中一高一卑者有朓朒不高不卑者無朓朒也夫月之高卑一歲而復日之高卑終轉而更右旋之法日周於歲月周于轉左旋之法一日一周知一日之無殊乎高卑則知左旋之無當于朓朒矣錫綸曰以高卑求朓朒以朓朒證右旋似矣然黃赤二道日行一周而朓朒四變斯何故歟先生曰子無疑于日行黃道卽無疑于日月右旋矣赤道當二極之中而黃道斜絡于赤道故赤道之行惟東西而黃道之行兼南北假令日誠左旋將出于東南而沒于西北出于東

北而沒于西南今夏日出辰入申冬日出寅入戌者何也葢由日躔從黃道而右旋是以有漸南漸北之行天牽之而左旋則但與赤道平衡而行東升西降也取渾儀旋轉觀之自明　錫綸曰竊更思之日躔不由黃道而爲螺旋冬至之後漸旋以北夏至之後漸旋以南實皆隨天左轉非右旋也先生曰螺旋之論思致甚微然當合黃赤二道左旋右旋而議其故不可斷棄黃道專屬左旋也夫螺旋之勢末銳而中寬汝言不由黃道則無所循依勢必起于赤道而盡于二極卽不底二極而出入赤道不能南北相若卽出入相若而距緯不爲均數必有僭差古云日行出入赤道二十四度驗之實測雖今不及古

實得二十三度八十六分有奇然南北大距度分略同若論視差亦有小異自二分以及二至緯度衰降永無僭差故知實有循依無徒爲螺旋之理也錫綸曰距緯若爲均數勢必盡于二極距緯若有僭差必不南北相若綸嘗細察日躔二分一日之距緯幾數十倍于二至一日之距緯葢二分爲螺旋之始故距緯差多以次漸少至于二至勢盡而復豈得有僭差詎得越二十四度而底于二極乎雖無所循依而自爲左旋亦安所不可乎先生曰螺旋者無法之形也雖或衰降有準然以割圜弧矢求之必不盡合今置黃赤二道以右旋經度求南北緯度于割圜弧矢之數不容以毫髮爽也握策而推轉儀而測合親疎遠近

昭然人目又何疑乎錫綸曰月離出入黃道猶日躔出入赤道也黃赤大距定于二十四度黃白（白道卽月道）大距少或不過五度有奇多或至于五度半弱（大統秝法嘗爲六度）綸又嘗以大統秝法推算月緯法當在南而實測或在北法當在北而實測或在南何也先生曰人知赤道有南北二極不知黃白二道各有南北二樞白道之樞又有游有定此亦得之實測古來秝家所未喻者也黃樞左旋于赤極之旁古遠今近約二萬八千餘年而一周所云二十四度亦自近古言之未知古今之異耳白道定樞左旋于黃樞之旁八年三百餘日而一周無遠近白道游樞右旋于定樞之旁半月而一周亦無遠近然白

黃樞以視游樞則遠近進退隨時而異朔望最近不過五度有奇二弦最遠至于五度半弱朔望前後游樞循定樞之內而順二弦前後游樞循定樞之外而逆錫綸問天度皆爲平順之行游樞何獨有順有逆先生日游樞本行無順逆自黃樞視之乃有順逆是以黃白交道月緯南北皆因之而變大統本無其術其不合天也固宜令望日日月右旋敬聞命矣黃赤朓朒一周四變其故可得聞歟先生曰天體渾圜從南北二極以割線分赤道諸度自郭守敬以來宗用此法形如剖瓜遠赤道則度分狹近二極故近赤道則度分廣遠二極故黃道交于赤道度無廣狹而以斜直爲廣狹冬夏距遠勢直故黃道經度加於赤道十分之一春秋距近勢斜故黃道經度減于赤道

十分之一一歲再遠再近故爲朓朒之變者四此與經緯二行可互求而見考諸圖術觀諸儀象無不吻合因明螺旋之形亦由黄道右旋而生也錫綸曰千古之所聚訟一旦若發蒙矣雖然願有進日月以高卑論視行五星亦宜同理五星行高則疾卑則爲遲爲畱爲退與日月相反何也先生曰五星各有本行之規皆以日爲心歲塡熒惑左旋爲日行所牽而東猶夫日行爲天所牽而西故合日在高宜遲反疾衝日在卑宜疾反退（遲留同理）太白辰星本行規小不能包地人目自地視之惟見左右于日而不與日衝（太白去日不及五十度辰星去日不過二十五度）合日在上視行雖小而益之以日行故疾合日在下星雖右

旋而視行反逆又大于日行故退遲留皆在下行半周詳見五星行度解五星復有本規之行度高卑朓朒與日月同理無煩贅說矣令望避席而起曰日月右旋已無疑義五星則左旋之中有右旋右旋之中有左旋提命雖切未易晰也日晏矣不敢重煩長者先生乃以五星行度解授二子二子受書而退先生嘗著五星行度解論五星右旋左旋之理甚悉昭陽赤奮若秋七月令望記

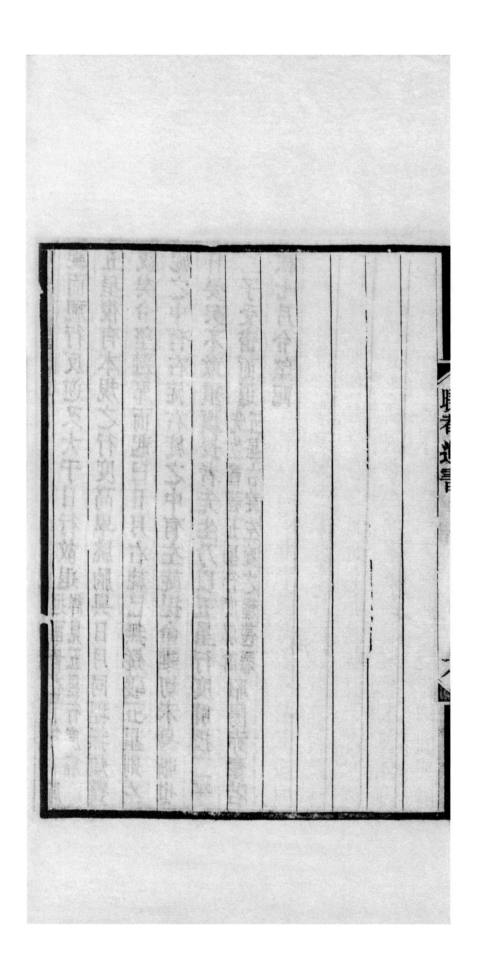

五星行度解

五星之中土木火皆左旋爲日天所挈而東金水于本天右旋各有行度又隨日天日行一度但二星本天小不能包地故但以日之平行爲其平行西秝謂五星皆右旋與天行不合今正之如左　西秝謂火金水三星有時在太陽上則本天當在日天外有時在太陽下則本天又當在日天內遂謂各天能相入不得爲實體不知五星本天皆在日天之內但五星皆居本天之周太陽獨居本天之心亦爲五星本天之心少偏其上近宗動天隨本天運旋成日行規此規本無實體故三星出入無礙若五星本天則各自爲實體

先解木火土三星巳爲地心甲爲日體從巳作巳甲直線引長至乙乙爲界巳爲心作黃道大圜卽太陽本天省名日天其

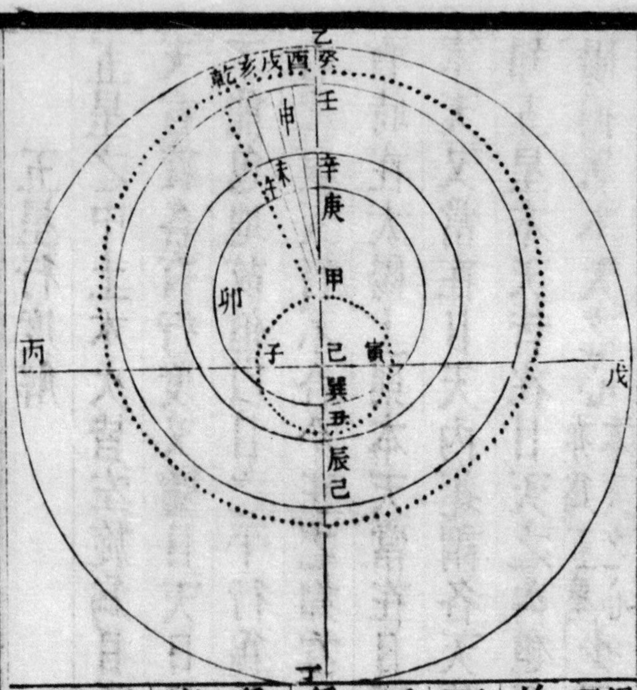

周乙丙丁戊定巳甲線爲日輪距地心之數引長至丁以巳甲線爲度截巳丁線于丑丑甲爲界巳爲心作甲子丑寅圜是爲日行規此虛體用朱書別之次以甲爲心截甲丑線于㢶㢶爲界作㢶庚卯圜火星本天又以甲爲心截甲

乙線于辛甲辛須較甲丑爲長辛爲界作辛辰圜木星本天又以甲爲心截甲乙線于壬甲壬又較甲辛爲長作壬巳圜土星本天又以甲爲心于壬巳圜外任取一點爲界設如癸點作五星平行圈諸天中本無此圜虛設以明平行之理故用朱文別之土木火三星皆左旋自壬辛庚向巳辰卯黃道右旋自鶉火向鶉尾挈內諸天而東亦挈太陽繞地右旋成日行規因明日行規爲虛體假如日在鶉火初度平行癸點火木土俱合日在最高距地極遠之界庚火辛木壬土爲初行之界太陽每日行一度約三十日行一宮三十度至鶉尾初度乾用平行圜內三圜庚辛壬元界亦隨日至乾甲線上朱文別之設此時火星自庚左行十四度木星自辛左行二十七度土星自壬左行二十九度火至午木至未土至申點從日體

甲出三線過午未申（星體所在）至亥戌酉爲甲午亥甲未戌甲申酉三線（俱止平行圈周）次從平行圈癸（鶉火初度）順數得癸酉一度癸戌三度癸亥十六度則火星在本天實行十四度（左旋）在平行圈似十六度（右旋）木星在本天實行二十七度（左旋）在平行似三度（右旋）土星在本天實行二十九度（左旋）在平行似一度（右旋）又土疾于木木疾于火（左旋）而在平行圈則火疾于木木疾于土（右旋）也（已上行度俱設數非平行眞率後凡舉數者倣此）

右假平行圈以明左右兩行及遲疾相反之理然五星終古無平行之率下文解之　假如火星（木土二星同理）合日在鶉火初度（乙巳線火在庚日在甲黃道乙）乙庚甲己同線太陽行三十度至坤黃道爲鶉尾初度震從地心巳出線過

坤至震成巳坤震線（朱文）火星本天最高庚點元界亦隨日天在巳坤震線坤（日體所在）爲心別作庚卯圈（與前等如朱文）設此時火星自庚左旋十四度至坎從巳出線過坎至黃道離成巳巳坎離線與巳坤震成震巳離角用法求巳

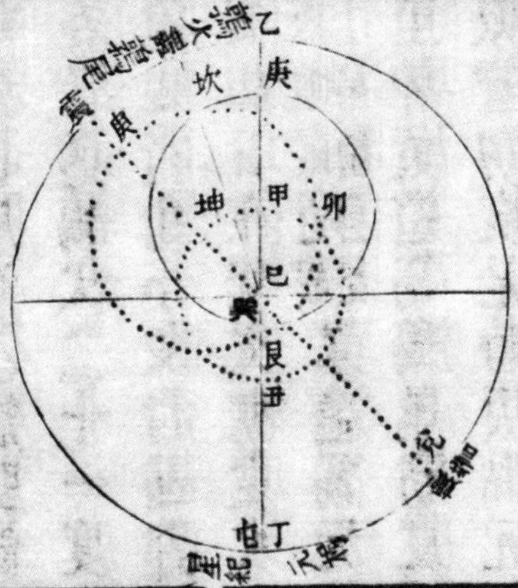

角若干度分先定甲庚（火本天半徑坤庚同）爲全數一百設甲巳（日行規半徑巳坤同）爲甲庚（或坤庚）百分之六十六則以巳坤加庚坎弧餘弦（九七）得總線一六三用全數因庚坎弧正弦（二四）如總線而一得震巳離角切線一五其弧八度半弱震

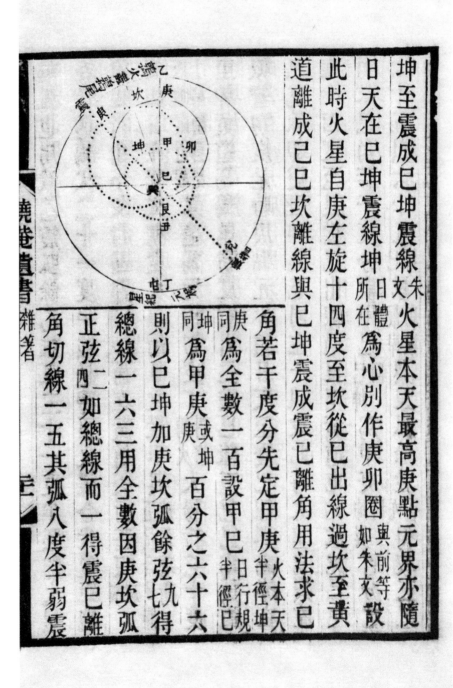

離弧也用減乙震弧餘乙離弧二十一度半強卽火星在黃道鶉火二十一度半強是時因火星合伏後距地遠視行角小故行甚遲本天左旋而在黃道視行甚疾右旋假如日在鶉火初度火星衝日在最卑巽五星合日距地最遠衝日距地最近觀上諸圜自見黃道爲元枵初度丁鶉火對宮太陽行三十度至坤黃道爲鶉尾初度震引長震巳線至兌兌爲黃道娵訾初度是時庚點元界隨日天至震巳線巽點亦在巳兌線卽震庚坤巽兌同在一線設此時火星自巽左旋十四度至艮從巳出線過艮至黃道屯點成兌巳屯角求巳角若干度分設甲巳巳坤同爲甲庚坤巽同百分之六十五以六十五巳坤最卑減用減巽艮弧餘弦九七得較三二

用全因巽艮弧正弦〔二四〕如較而一得兌巳屯角切綫七五其弧三十七度弱兌屯弧也又自鶉火初度乙至娵訾初度兌二百十度內減兌弧得乙屯弧一百七十三度强〔起鶉火初〕爲黄道星紀二十三度强是時因火星衝日後去地甚近視角大故本天〔左旋〕視行甚疾多于太陽平行度而在黄道〔右旋〕法當爲退〔黄道自元枵至星紀爲退〕餘倣此　用上諸圜知三星至平行之限于黄道亦爲平行在本天〔左旋〕遲段于黄道〔右旋〕爲疾行在本天〔左旋〕疾段其日行分〔左旋〕未及太陽日行分〔右旋〕者于黄道〔右旋〕爲遲行在本天〔左旋〕疾段其日行分〔左旋〕與太陽日行分〔右旋〕等者于黄道爲留本天疾段日行分多于太陽日行分者于黄道爲退

次解金水二星作黃道大圜及日行規如前于大圜內（火木土三天已前見此省）以甲（日體）為心截甲巳線于庚（金星本天最卑）庚為界作庚壬圜為金星本天（壬為最高）又截甲庚線于辛（水星本天最卑）辛為界作辛癸圜為水星本天（癸為最高）二天半徑小于日行規半徑（甲辛甲庚皆為甲巳全線之分）即巳地心在二圜之外（因知水星天在金星天內）自地視之但有順逆兩合不能衝日（衝日者必人在日星兩間一線之內甲辛甲庚線既小于甲巳則巳點必不得至甲與庚或甲與辛兩間即同居一線亦必巳點在外人從巳視庚辛與甲同在一面但得見合不得見衝也）金水二天亦右旋（自壬癸向辰巳）與日天相似（黃道自乙向丙即太陽自甲向壬）雖行有遲疾（金日行半度强水日行三度强）理則歸一今但以水星解之金星自見　假如水星合日在最高癸（順合）日在甲黃道為鶉火初度乙

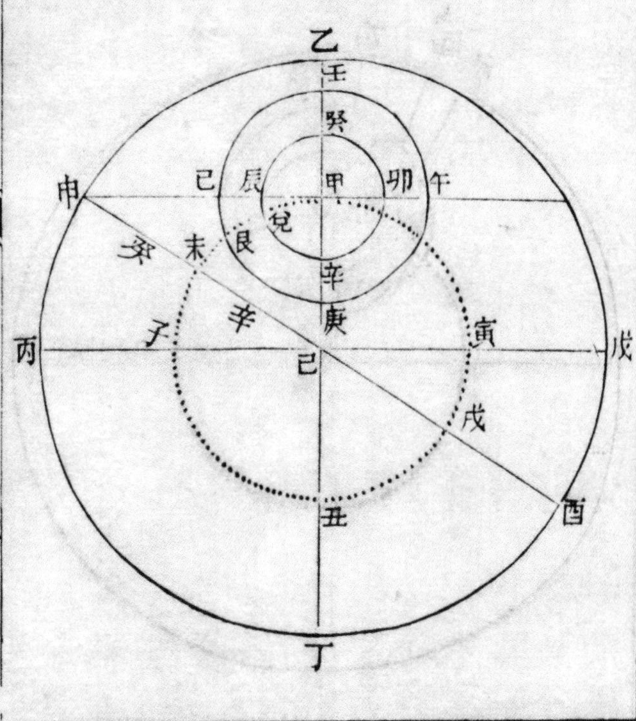

乙黃道癸星體所在甲日體所在同在一線自地心已視之爲元界太陽行六十度弱至未黃道爲鶉尾未度分不定申其時水星最高癸亦隨日行在申未巳線設此時水星行本天右旋一百入十度足半周至最卑辛若用月天法詳見月離則當兩行日行及水星行相併俱右旋同類故爲二百四十度弱水星在巳酉線

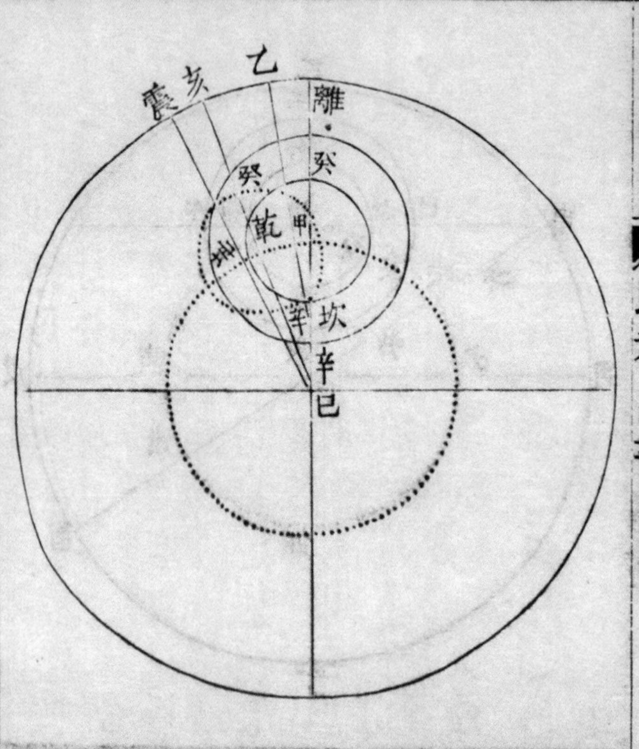

躔黃道娵訾末不定度分酉而與日衝然此時水星在辛辛點既在巳癸線內癸辛巳同線辛癸爲巳癸全線之分試引長癸巳至酉于巳酉線上任取一點如戊其癸戊必大於癸巳今癸辛尙小于癸巳况能等于癸戊乎因知辛點不在巳酉線即水星亦不得在黃道娵訾末與日衝矣又未癸同

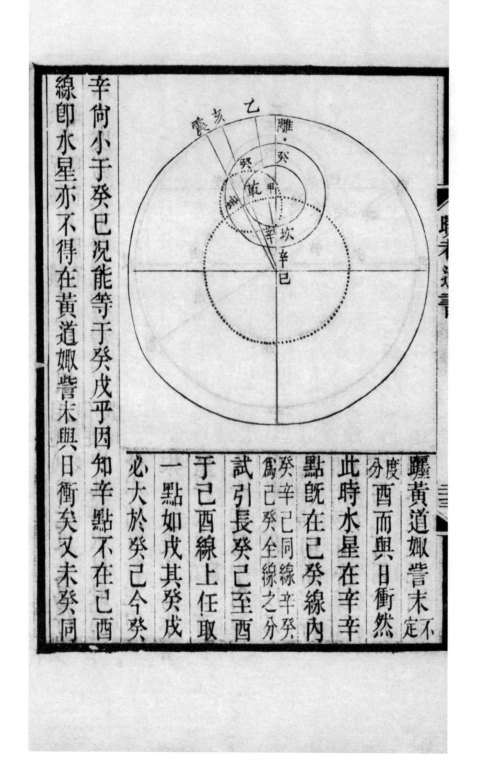

線辛癸亦同線則辛未必同線自已視之水星必合日在鶉尾末矣其平行黃道乙申弧即太陽平行弧也設太陽又行六十度弱至大火末水星又行足半周至癸自辛至癸癸點隨太陽在大火末癸酉平行嘗與太陽平行同線則水星平行弧仍即太陽平行弧因知金水二星與太陽同一平行也　既明平行之理因上解亦明順逆二合之故次論順合前後疾行逆合前後退行之理　假如水星順合在癸最高日在甲黃道乙鶉火初度為元界太陽行十度至乾黃道鶉火十度亥癸點隨日至巳乾亥線上朱文別之水星順行本天三十一度半設數非定率至坤自巳出線過坤至黃道震宮度不定成巳坤震線與巳乾亥為亥巳震角亦用朱文別作水星本天癸亥圖求巳

角若干度分法先定巳甲日行規半徑巳乾同爲全數一百甲癸水星天半徑乾癸同與巳甲若四十二設數非定率與一百以甲癸或乾亥餘倣此因癸坤弧餘弦八五如全而一加巳甲或巳乾餘倣此得一三六爲法又以甲癸因坤癸弧正弦五二爲實二一九四實如法而一得亥巳震角切線一六其弧九度少亥震弧也加乙亥弧得十九度少自癸至辛半周加自辛至癸半周減即水星在黃道鶉火十九度少較太陽平行盈九度餘因在上半周最高左右順本天行亦順黃道行故爲順爲疾　假如水星合日在最卑辛退合日在甲黃道爲鶉火初度乙乙癸甲辛巳同在一線爲元界太陽行十度至乾黃道亥癸辛俱隨日至巳乾亥線上朱文別之水星自辛順本天行三十一

度半用朱文別作癸辛圜如上至坎從巳出線過坎至黃道離宮度不定成巳坎離線與巳乾亥成離巳亥角求巳角度分設數同上以甲癸因辛坎弧餘弦八五如全而一用減在最高左右一象限內用加在最卑左右一象限內用減巳甲得六四爲法又以甲癸因辛坎弧正弦五二爲實如法而一得離巳亥角切線三四其弧十九度弱用減乙亥弧不足減加全周減之餘乙亥離弧三百五十一度强卽木星在黃道鶉首二十一度强在合日元界後九度弱因近最卑故于本天雖順行而人目在外自己反觀若在本圜內則嘗見爲順見爲逆黃道退行也　用上法知金水二星在日行規外嘗爲疾行其交日行規點如艮兌爲平行界入日行規內爲遲行旧又二星入日行

規內其本天日行分視角較太陽日行分大者爲退等者爲留小者爲遲行　日中嘗有黑子未詳其故因疑水星本天之內尚有多星星各有本天層疊包裹近日而止但諸星天周愈小去日愈近故嘗伏不見水星亦因離日不遠故伏時嘗多見時嘗少　唯退合時星在日下星體著日中如黑子耳與日食同理但月視徑大故能食日星視徑小止成黑子　又用半徑比例知金星天在火星天內火星天半徑大于日行規半徑金星天半徑小于日行規半徑餘星內外觀諸圜自明

用上兩形諸圜半徑與日行規半徑爲比例知各星距地遠近日行規半徑即太陽距地之數　又火星出日行規即高于太陽入日行規即卑于太陽　用諸圜知日天大能包五

星之天五星天小但能包日體不能包日天因明火金水三星雖出太陽之上非出日天之外

已上所稱五星本天卽崇禎秝所謂歲輪也歲輪周遲疾之外別有盈縮西稱均度盈縮二限崇禎秝所謂本天與上文本天不同最高卑亦非上文本天最高卑也今從大統秝名之為秝周秝中以免相混

秝周最高卑之原蓋因宗動天借西秝名總挈諸曜為斡旋之主其氣與七政相攝如磁之于針某星至某處則向之而升離某處則違之而降升降之法不為直動而為環動凡天行悉為環動本天之心五星本天心也繞太陽心左右上下于日行規周成一小規此規之心嘗在日行規周其規亦為虛體五

星本天心循此左旋與太陽爲不同心大約星周黃道一次則秝周亦一次因此行隨宗動天而宗動天與黃道同心故也其升降之界七政不同又世有運移運移遲疾各曜不同卽西秝最高行度也

巳爲地心作日行規如前甲太陽爲心庚辛壬癸爲界作五星本天心環行規此規本無實體故用朱文別之五星本天心在此規之周自最遠稱最遠最近以別本天最高最卑向中距壬背黃行左旋故故行遲爲縮初自壬向最近辛順黃道行凡大圜周置一小圜右旋者入內半周自大圜心視之必依大圜周左旋金水本天行是也左旋者入內半周自大圜心視之必依大圜周右旋此規是也壬辛癸在內半周故從壬左旋至癸自地心巳視之見依日行規周右旋而順黃道行也故行漸疾爲縮末自辛轉向中距癸亦順黃道行內半周故故行疾爲盈初自癸向庚逆黃道行

上半周左旋故故行復遲爲盈末盈縮初末限五星不同姑就中距論之觀上諸圖自見　本天最高戊最卑丁與地心巳同一直線觀諸四自明與巳辛庚線爲角形庚丁與庚巳戊同一巳角故秝周盈縮差西秝名初均數不因本天最高卑爲增損諸圖自明又環行一規實非整圓界似撱圓西秝用次均輪亦此意但入六比例恐非密率當屢測定之　環行規半徑與日行規半徑比例五星不同

次總解五星　其一五星本天心入日行規內則日行規半徑當減出日行規外則日行規半徑當加此非日行規眞徑乃五星天心距地之數但從日行規徑加減以求與本天半徑比例　其二太陽在最高則日行規半徑大太陽在最卑則日行規半徑小其

與五星天半徑及五星天心環動規半徑比例各有增
減　已上二條加減之數自有算法此不具載　其三

土木火

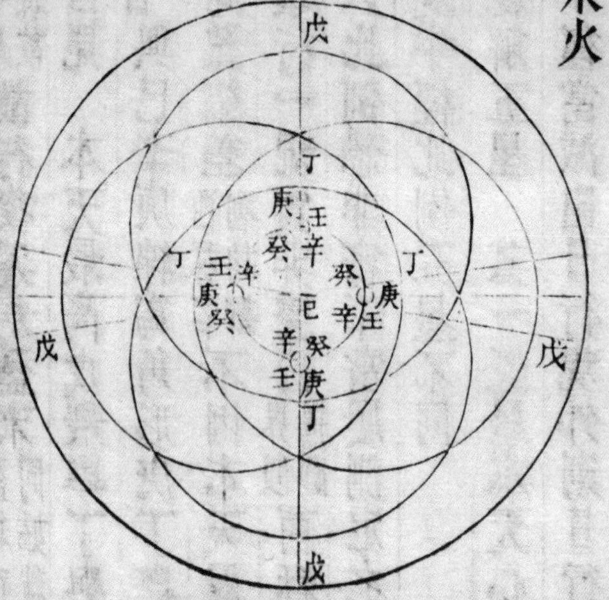

用半徑比例可知
各天距地之數因
得各星徑體大小
之數　其四黃道
圜即太陽本天太
陽應居其心乃偏
近宗動而居日天
之心者爲地體五
星亦應居本天之

火木

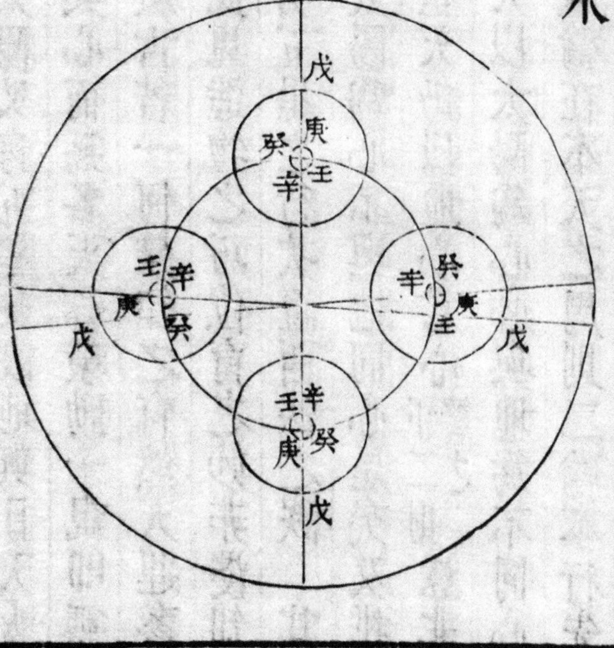

心乃偏處其周而居五星天之心者爲太陽地體又不正當日天之中太陽亦不正當五星天之中而皆在其環動規之心日天心繞地心亦作環動規以生盈縮諸限因思太陽若正居黃道圜心則與地體合一庶類何從生殖卽使地處其偏然黃道圜心爲不動之處太陽若居此則永

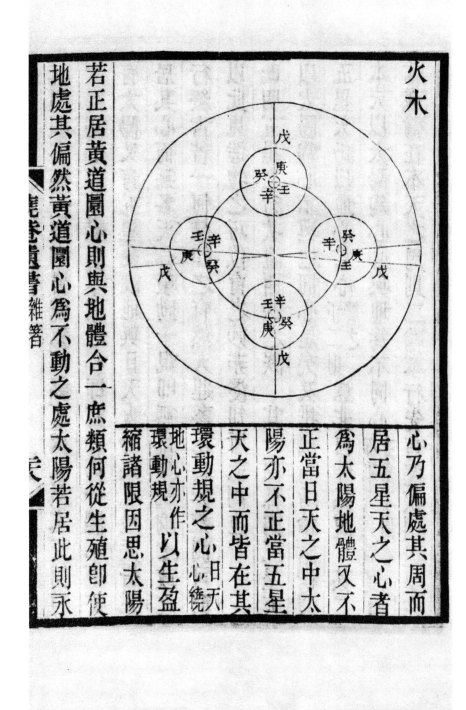

無運移亦無晝夜寒暑歲敘何繇而成五星本天同以太陽爲心假令盡居本天之心卽當合爲一體不復辨有太陽又有五星矣設地與日天太陽與五星天皆正居其心而無各天心環動一規卽無盈縮脁朒七政之行終古若一何難知之有然天運參差終非推測可窮以此見造物之巧位育之妙非淺知所能測也

旣明五星之行次證西法之誤　其一　西秝謂五星天以太陽爲心不與地同心是矣及推歲輪均輪諸術似五星天仍以地心爲心（下二則解之）豈非自畔其說　其二　本天以太陽爲心必與地爲不同心（卽本天與黃道亦爲不同心）均輪歲輪在本天之周則二輪本行先有遲疾留退星在

輪周又有視行始與彼說相符今歲輪在均輪周平行均輪在本天周平行不因合日（在最高）衝日（在最卑）別生遲疾非本天與地同心不可今既以太陽爲五星天心又以地心爲五星天心則太陽與地當合爲一體耶　其三兩輪在本天之周（據本天與地不同心）則合日時半徑應見小（去人遠故）衝日（金水退合）時半徑應見大（去人近故）今兩輪半徑不以衝合爲增損又不得以地心爲心合彼二說便覺自相矛盾　其四因上三條知本天之外不得別有歲輪或設此以代不同心圈則可然必歲輪與不同心圈互用得數悉符始爲正法試改歲輪爲不同心圈依法求之惟金水稍合上三星理正相反則歲輪未爲正法　其

五西法置歲輪心于均輪周在均輪最遠則歲行差西法又名次均數少最近歲輪差多土木均輪徑小尙未之覺火星均輪徑大得數盡反加入太陽高卑猶不足算仍虛立法數以求合天不知五星在均輪高卑上三星與金水異其出日行規外者就本天心論之歲行差三星宜多金水宜少入日行規內者歲行差三星宜少金水宜多此必用不同心圈則五星皆合以上諸圖及總解合觀其理自見若用歲輪惟金水可合金水本天在日行規周與歲輪相似故三星必相反

其六西法火星視太陽在最高左右歲行差多最卑左右歲行差少未爲不是但須用不同心圈乃得合算若用歲輪惟衡日時可合離此卽有增減至合日時乃相反

己上諸款因西秝謂五星皆右旋故秪牾至此若悟土木火左旋改歲輪爲不同心圈則理數盡一可免從前諸誤

六誤之外復有二疑　其一西洋秝與土盤秝似出一本土盤秝元爲阿剌必年當唐武德年間（云開皇己未者悞）去今千餘祀殆爲西秝之祖稱歲輪爲本輪均輪爲小輪所謂本輪豈非與地不同心之本天小輪者豈非本天心之環動規則千年以前己知五星以日爲心何西人反言彼國前代秝家不知太陽爲五星天心至弟谷始明此理若弟谷以前未有土盤秝者耶　其二土盤秝五星自行卽本天行度也土木火三星自行本皆左旋

考之秝理未始相戾西秝改爲右旋以至自相違謬凡難通之處悉置不論豈故爲立異耶抑實未知土盤法耶西秝改土盤法甚多皆較土盤爲密獨此一改較土盤爲疎似務改法之名不求其實者

土星日行九十五分二一四六七四二九

木星日行九十〇分二五一二五七一九

火星日行四十六分一五七五七九九〇

金星日行六十一分六五〇八七三三九

水星日行三度一〇六六九九〇四三〇

推步交朔序

漢律秝志曰秝本之驗在于天斯言得之矣然漢人之驗天者安在哉兩漢之世日食多在晦晦前朔後間亦有之不知當日廢尤疎遠者十七家其疎遠又何如乎晦朔弦望太初最密最密者何事乎上林清臺與十一家襍候候盡五年六年皆太初第一且何所候乎自晉唐以迄明代代有作者而法日趨于密矣但步食或不盡驗食時或失辰刻則其爲術或者猶可商求苟能虛衷殫思未必不復更勝柰何一行守敬之徒乃有惟德動天之諛日度失行之解使近世疇人草澤咸以二語蔀其明域其進耶果爾則天自天而秝自秝合不足爲

是失不足爲非叛官假擾可以無誅安用鳳鳥氏爲也每見天文家言日月亂行當有何事應五星違次當主何庶徵余竊笑之此皆步推之舛而卽傳以徵應則殃慶禎異唯秝師之所爲矣是故驗于天而法猶未善數猶未眞理猶未闡者吾見之矣無驗于天而謂法之已善數之已眞理之已闡者吾未之見也某業非專家資復遲鈍雖涉獵有年會未覩其藩落況于堂奥然既習其事又不敢自棄每遇交會必以所步所測課較疏密疾病寒暑無間變周改應增損經緯遲疾諸率于兹三十年所而食分求合于秒加時求合于分戛戛乎其難之年齒漸邁血氣早衰聰明不及于前時而黽黽孳孳

幾有一得不自知其智力之不逮也乃仲秋辛巳朔日月交于鶉尾之次于大統成憲當食入分有奇加時自辰至午崇禎厤書食在巽巳之間虧食不及二分余用已法推之食分視厤書祇贏數秒虧甚復三限大約先一刻有奇而視成憲則殆有燕越緇素之殊其合其違雖可預信而分秒遠近之細必驗天而後可知備陳三法如左以俟實測合則審其偶合與確合違則求其理違與數違不敢苟焉以自欺而已重光作噩七月既望書於困亨齋

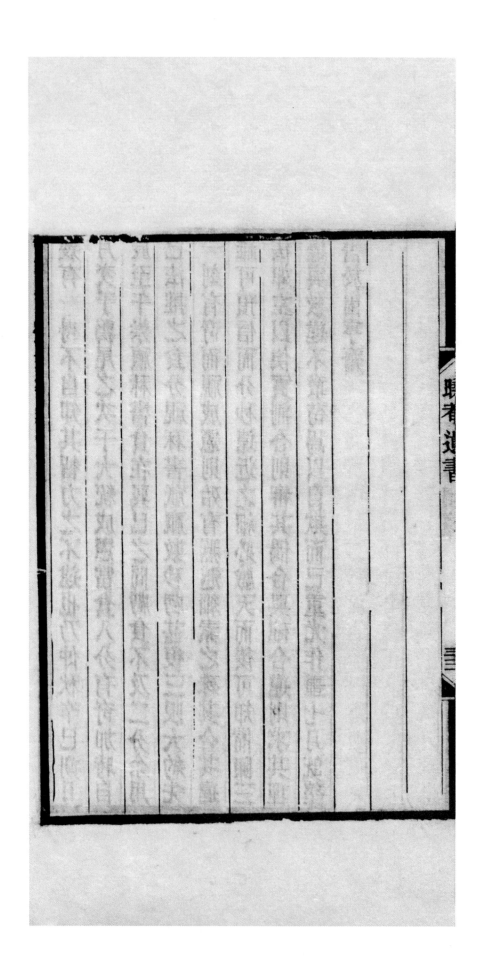

步交會

交終分二十七萬二千一百二十二分二十四秒

交終二十七日一百二十二分二十四秒

交中一十三日六千○六十一分一十二秒

交差二日三千一百八十三分六十九秒

交望十四日七千六百五十二分九十六秒半

交應二十六萬一百八十七分八十六秒距洪武甲子交應以法起算差二百○○一四一九

交終三百六十三度七十九分三十四秒

交中一百八十一度八十九分六十七秒

正交三百五十七度六十四分

中交一百八十八度○五分　日食分二十分　月食分三十分日食陽秝限六度　定法六十　陰秝限八度　定法八十　月食限十三度○五分　定法八十七

庚午秝先置里差半之如九而一所得依其加減天正朔積分然後求之

推天正經朔入交

置中積加交應減閏餘滿交終分去之不盡以日周約之爲日不滿爲分秒即天正經朔入交泛日及分秒上考者中積內加所求閏餘減交應滿交終去之不盡以減交終餘如上

求次朔望入交

置天正經朔入交泛日及分秒以交望累加之滿交終

日去之即爲次朔望入交泛日及分秒

求定朔望每日夜半入交

各置入交泛日及分秒減去經朔望小餘即爲定朔望夜半入交定日有增損者亦如之否則因經爲定大月加二日小月加一日餘皆加七千八百七十七分七十六秒即次朔夜半入交累加一日滿交終日去之即每日夜半入交泛日及分秒

求定朔望加時入交

置經朔望入交泛日及分秒以定朔望加減差加減之即定朔望加時入交日及分秒

求交常交定度

置經朔望入交泛日及分秒以月平行度乘之爲交常度以盈縮差盈加縮減之爲交定度

求日月食甚定分

置朔望入氣入轉朓朒定數同名相從異名相消以一千三百三十七乘之以定朔望加時入轉算外轉定分除之所得以朓減朒加中朔望小餘爲汎餘　日食視汎餘如半法以下爲中前半法以上去之爲中後置中前後分與半法相減相乘倍之萬約爲分日時差中前以時差減汎餘爲定餘覆減半法餘爲午前分中後以時差加汎餘爲定餘減去半法餘爲午後分

日食視定朔分在半日周已下減去半周爲中前以上減去半周爲中後與半周相減相乘退二位如九十六而一爲時差中前以減中後以加皆加減定朔分爲食甚定分以中前後分各加時差爲距午定分

月食視定朔分在日周四分之一已下爲卯前已上覆減半周爲卯後在四分之三已下減去半周爲酉前已上覆減日周爲酉後以卯酉前後分自乘退二位如四百七十八而一爲時差子前以減子後以加皆加減定望分爲食甚定分各依發斂求之即得食甚辰刻

求日月食甚入盈縮秝及日行定度

置經朔望入盈秝日及分以食甚日及定分加之以經朔望日及分減之即爲食甚入盈縮秝依日躔術求盈縮差盈加縮減之爲食甚入盈縮秝定度

求南北差

視日食甚入盈縮秝定度在象限以下爲初限以上用

減半歲周爲末限以初末限度相乘如一千八百七十

○度而一爲度不滿退除爲分秒用減四度四十六分

餘爲南北泛差以距午定分乘之以半晝夜分除之滿

法得度不滿爲分所得以減泛差爲定差泛差不及者反減之爲定差應加者減之應減者加之在盈初縮末者交前陰秝減陽秝加交

後陰秝加陽秝減在縮初盈末者交前陰秝加陽秝減

交後陰秝減陽秝加若推得泛差數少不及減者反減之餘亦爲推得南北定差也若是盈初縮末食在正交爲加差中交爲減差若是縮初盈末食在正交爲減差中交爲加差

求東西差

視日食甚入盈縮秝定度與半歲周相減相乘如一千

八百七十而一爲度不滿退除爲分秒爲東西泛差以

距午定分乘之以日周四分之一除之爲定差若在汎差已上者倍汎差減之餘爲定差依其加減○視盈縮秝行定度加在象限已下爲初限復用其初限法減半歲周餘又爲末限以初末二限相乘得定數如在象限已上爲末限以減半歲周爲初限亦以初末二限自相乘之
在盈中前者交前陰秝減陽秝加交後陰秝加陽秝減
中後者交前陰秝加陽秝減交後陰秝減陽秝加在縮
中前者交前陰秝加陽秝減交後陰秝減陽秝加中後
者交前陰秝減陽秝加交後陰秝加陽秝減中前中後即午前午後○若推東西定差在東西汎差已下者即爲東西定差若在東西汎差已上者倍其東西汎差以減定差餘爲東西定差度分

求日食正交中交限度

置正交中交度以南北東西差加減之爲正交中交限

度及分秒

求日食入陰陽秝去交前後度

視交定秝在中交限已下以減中交限爲陽秝交前度已上減中交限爲陰秝交後度在正交限已下以減正交限爲陰秝交前度已上減正交限爲陽秝交後度

求月食入陰陽秝去交前後度

視交定度在交中度已下爲陽秝已上減去交中爲陰秝視入陰陽秝在後準五度半已下爲交後度前準一百六十六度三十九分六十八秒已上覆減交中餘爲交前度及分

求日食分秒

視去交前後度各減陰陽秝食限不及減者不食餘如定而一
各得爲日食分秒

求月食分秒

視去交前後度不用南北東西差者用減食限不及減者不食餘如定法
而一爲月食分秒

求日食定用及三限辰刻

置食甚分秒與二十分相減相乘平方開之所得以五
千七百四十乘之如入定限行度而一爲定用分以減
食甚定分爲初虧加食甚定分爲復圓依發斂求之爲
日食三限辰刻

求月食定用及三限五限辰刻

置月食分秒與三十分相減相乘平方開之所得以五千七百四十乘之如入定限行度而一爲定用分以減食甚定分爲初虧加食甚定分爲復圓依發斂求之即月食三限辰刻

月食既者以既內分與一十分相減相乘平方開之所得以五千七百四十乘之如入定限行度而一爲既內分用減定用分爲既外分以定用分減食甚定分爲初虧加既外爲食既又加既內爲食甚再加既內爲生光復加既外爲復圓依發斂求之即月食五限辰刻

求月食入更點

置食甚所入日晨分倍之五約爲更法爲點法乃置初

末諸分昏分已上減去昏分晨分已下減去晨分以更法除之爲更數不滿以點數法收之爲點其更點數命起初更初點算外各得所入更點

求日食所起

食在陽秝初起西南甚于正南復于東南食在陰秝初起西北甚于正北復于東北食八分已上初起正西復于正東此據午地而論之

求月食所起

食在陽秝初起東北甚于正北復于西北食在陰秝初起東南甚于正南復于西南食八分已上者初起正東復于正西此亦據午地而論之

求日月出入帶食所見分數

視其日月出入分在初虧已上食甚已下者爲帶食各爲食甚分與日出入分相減餘爲帶食差以乘所食之分滿定用而一如月食既者以既內分減帶食差餘進一位如既外分而一所得以減既所食分卽日月出入帶食所見之分（其食甚在晝晨爲漸進昏爲已退其食甚在夜晨爲已退昏爲漸進）

求日月食甚宿次

置日月食甚入盈縮秝定度在盈便爲定積在縮加半歲周爲定積（望卽更加半周天度）以天正冬至加時黃道日度加而命之各得日月食甚宿次及分秒

二十八宿積度

箕九度五十九分　斗三十三度○六分
牛三十九度九十六分　女五十一度○八分
虛六十○度○八七五　危七十六度○三七五
室九十四度三五七五　壁一百○三度六九七五
奎一百二十一度五六七五　婁一百三十二度九二七五
胃一百四十九度七三七五　昴一百六十度八一七五
畢一百七十七度三一七五　觜一百七十七度三六七五
參一百八十七度六四七五　井二百十八度六七七五
鬼二百二十○度七八七五　柳二百三十度七八七五
星二百四十度○九七五　張二百五十七度八八七五
翼二百七十七度九七七五　軫二百九十六度七二七五

角三百○九度五九七五　亢三百十九度一五七五
氐三百三十五度五五七五　房三百四十一度○三七五
心三百四十七度三○七五　尾三百六十五度二五七五

求天正經朔入交以下陳獻可算戊子年法

置中積加交應一十一萬五一○五○八得九億六千四百三十五萬五三○五○八減閏餘餘九億六千四百一十○萬六八九六三五滿交終分二十七萬二一二二二四去之餘二十四萬九九二二二七以日周約之爲日不滿爲分秒卽天正經朔入交泛日及分秒以望策累加之得各月朔望入交泛日及分秒滿交終去之卽次朔望入交泛日及分秒　捷法加交差二一萬三一八三六九得次朔加半交

差一萬一五九一八四五得次望

天正經朔交泛二十四萬九九二二三七　望交泛一十二萬五四五二九九五

（食限）丑月經朔交泛○萬○九八三七二　望交泛一十四萬八六三六六八五

寅月經朔交泛　望交泛一十七萬一八二○三七五

卯月經朔交泛四萬七三五二一　望交泛一十九萬五○○四○六五

辰月經朔交泛七萬○五三四七九　望交泛二十一萬八一八七七五五

閏月經朔交泛九萬三七一八四八　望交泛二十四萬一三七一四四五

巳月經朔交泛一十一萬六九○二一七　（食限）望交泛二十六萬四五五五二三五

（食限）午月經朔交泛一十四萬○○八五八六　望交泛一萬五六一六五八五

未月經朔交泛一十六萬三二六九五五　望交泛三萬八八○○二七五

申月經朔交泛一十八萬六四五三二四　望交泛六萬一九八三九六五

酉月經朔交泛二十〇萬九六三六九三　望交泛八萬五一六七六五五

戌月經朔交泛二十三萬三八二〇六二二　食限　望交泛一十〇萬八三五一三四五

亥月經朔交泛二十五萬六〇〇四三一　望交泛一十三萬一五三五〇三五

子月經朔交泛〇萬七〇六五七六

求交常度

置巳月經望交泛二十六萬四五五二三五為實以月平行度一十三度三六八七五乘之得交常度三百五十三萬六七七二七九七九〇六二一五

求交定度

置交常度三百五十三萬六七七二七九七九〇六二一五以巳月望差〇度七〇一三三六八八加之得交定

度三百五十四度三七八六一六六六七

求定入遲疾秝

置入轉疾秝全分五萬六六九三八一五以減定差望與經望之差三千三九七六八四共爲定入疾秝五度三二九六三一七

求定入遲疾限

置定入疾秝五度三二九六一六七以至限乘之得定入疾限六十五限

求定限行度

置定入疾限六十五限下疾行度一度一二八七減日行分一時日行之數八分二十秒餘爲定限行度一度〇四

六七

求卯酉前後分

置定望小餘八千二五七一三一在日周四分之三以上置日周分內減去小餘八千二五七一三一爲酉後分一千七四二一八六九

求食甚時差分

置日周百刻減酉後分一千七四二一八六九餘數以百約之得時差八十二分五七一三一

求食甚定分併時刻

置定望小餘八千二五七一三一加食甚時差八十二分五七一三一爲食甚定分八千三三九七〇二三一

發斂命之爲戊正初刻

求食甚入盈秝

置食甚定分入干三三九七〇二三一加盈秝全分一百六十七萬一〇七九八一五及加定望大餘四十五萬共二百一十二萬九四一九五一七三一減經望大小餘四十六萬一六五四八一五得食入盈秝全分一百六十六萬七七六四七〇二三以半歳周減之餘爲食甚入盈末秝一十五萬八四四七七九七七

求食甚入盈差

置立差二十七以食甚入盈末秝一十五萬八四四四七七九七七七乘之得四百二七八〇百下四位加平差二

萬二千一百得二萬二千五百二七八〇又以盈末秝一十五萬八四四七七九七七乘之得三十五萬六九四八〇二用減定差四百八十七萬〇六百餘四百五十一萬三六五一九八又以盈末秝一十五萬八四四七七九七七乘之得食甚入盈差〇七一五一七八二一

求食甚入盈秝行定度

置日食甚入盈末秝一十五萬八四四七七九七七加食甚入盈差〇度七一五一七八二一爲食甚入盈秝行定度一十六度五五九九五七九八

求月食陰陽秝

視交定度全分三百五十四度三七八六一六六六七在交中定限度一百八十一度八九六六七以上減去交中度餘爲入陰秝一百七十二度四八一九一六六六七

求去交前後

視陰秝一百七十二度四八一九一六六六七在前準一百六十六度八九六六七以上用以減交中度一百八十一度八九六七○九五餘爲交前度九度四一四七九一一八三

求月食分秒

置月食限一十三度○五分內減去交前度九度四一四七九二八三餘三度六二三五二一○七一七以月食定法八十七而一得所求月食分秒四分一十七秒八十三微

求開平積及定用分

置月食分（三十分共二十六度一十分為陽秝十五分陰秝十五分）內先減去月食分秒四分一十七秒八十三微餘二十五分五八二一一七郎以月食分秒四分一十七秒八十三微乘之得一百○六分八八九九八○九一一平方開之得一十○分三三八七以四千九百二十乘之得五萬○八六六四○四如定限行度一度○四六七而一得定用分四百八十五分九六六九二

求初虧分

置食甚定分八千三三九七○二一三減去定用分四百八十五分九六九二一為初虧分七千八五三七三三一

發斂得酉正三刻日入酉正四刻

求食甚分

置食甚定分八千三三三九七〇二一三即食甚分發斂得戌正初刻

求復圓分

置食甚定分八千三三三九七〇二一三加定用分四百八十五分九六六九二二爲復圓分八千八二二五六七一五發斂得亥初初刻

求月食起復方位

視月食在陰秝初虧東南食甚正南復圓西南

求月食入盈日晨日出分

視盈秝一百六十七日下日出分三千〇八三七〇以
昏明分二百五十減之爲晨分一千八百三三七以日出分
三千〇八三七減日周萬分餘爲日入分七千九百一六
三以昏明分加日入分爲昏分八千一百六六三

求更法

置日晨分一千八百三三七倍之得三千六百六七四
以五千除之得七百三三四八爲更法

求點法

置更法七百三三四八以五百除之得一百四六六九
六八爲點法

求初虧更點

視日入分七千九百一六三爲酉正四刻在初虧分七千八百三七三三一以上以日入分與食甚分八千三三九七〇二三相減餘爲帶食差四百二三四〇二三以日食分秒四分一七八三乘帶食分四百二三四〇二三得一千七百六九一〇一八三〇〇九以定用分四百八五九六九二而一得三三六四〇三與日食分秒相減餘不見食分五十三秒八十微

求食甚更點

置食甚分八千三三九七〇二三內減去昏分八千一百六六三餘一百七三四〇二三不滿更法爲一更點法除之得二點

求復圓更點

置復圓分八千八二五六七一五內減去昏分八千一百六六三餘六百五九三七一五不滿更法爲一更點法除之得五點

求食甚月離黃道宿次

置食甚入盈秝行定度一百六十六度七七六四七〇二二三加半周天一百八十二度六二一八七五又加冬至黃道度四度一三七一共得三百五十三度五四二三二一〇二三滿心總度三百四十七度三〇七五去之餘爲食甚月離黃道尾十六度二十二分四十八秒日躔黃道畢十度〇〇九六〇七〇二一三推得戊子年巳月十五己酉望月

食四分一十七秒十三微

初虧　酉正三刻　日未入一刻　在地　帶食五十

三秒八十微　出地東南

食甚　戌正初刻　一更二點　正南

復圓　亥初初刻　一更五點　西南

食甚月離黃道尾六度二十三分四十八秒二一〇二三

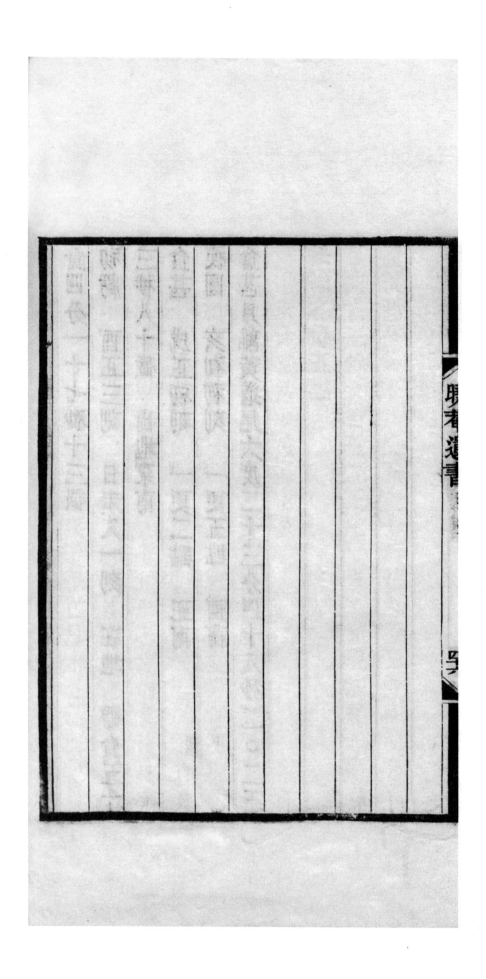

測日小記序

說者曰推步而得之不如仰觀之易也此殆有爲言之而耳食者以爲信然幾何不爲陳言所誤耶余謂步秝固難驗秝亦不易何也天學一家有理而後有數有數而後有法然惟創法之人必通乎數之變而窮乎理之奧至于法成數具而理藴于中似乎三尺童子可以運籌而得然達人穎士猶或畏之則以專術之賾紆繆千端不可以一髮躁心浮氣乘于其間所以塗本坦夷而卻步者嘗多也若夫驗秝則垂象昭然有目所共覩密者不可誣以爲疎疎者不可諛以爲密雖謂之易也可然語其大槩則亦或得之矣其如薄食之分秒加時之

刻分之不可決之于目斷之于意乎本論專爲交食故不及躔離陵犯故非其人不能知也無其器不能測也人明于理而不習于測猶未之明也器精于製而不善于用猶未之精也人習矣器精矣一器而使兩人測之所見必殊則其心目不能一也一人而用兩器測之所見必殊則其工巧不能齊也心目一矣工巧齊矣而所見猶必殊則以所測之時瞬息必有遲早也數者之難誠莫能免其一也即不然而食分分餘之秒果可以尺度量乎辰刻刻餘之分果可以儀晷計乎古人之課食時也較疏密于數刻之間而余之課食分也較疏密于半分之內夫差以刻計以分計何難知之而半刻半分之差要非躁率

之人粗疎之器所可得也倘惟仰觀是信何時不自矜何時不自欺以爲密合乎故曰驗秝亦不易也重光作噩仲秋辛巳朔食法具五種算宗三家或行于前代或用于當今或修于朝亡或潛于草澤莫不自謂脗合天行及至實測雖疎近不同而求其纖微無爽者卒未之覯也于此見天運淵微人智淺末學之愈久而愈知其不及入之彌深而彌知其難窮縱使確能度越前人猶未足以言知天也況乎智出前人之下因前人之法而附益者乎平情而論創法爲難測天次之步秝又次之若僅能操觚而卽以創法自命師心任目撰爲鹵莽之術以測天約略一合而傲然自足胷無古人其庸妄不

學未嘗艱苦可知矣謹記辛巳朔測日始末如左

附潘力田辛丑秝辨

昔堯命羲和曰以閏月定四時成歲葢秝法首重置閏而春秋傳曰先王之正時也履端於始舉正於中歸餘于終所謂始者取氣朔分齊爲秝元也所謂中者月以中氣爲定無中氣者則爲閏也所謂終者積氣盈朔虛之數而閏生焉也自漢以降秝術雖屢變未有能易此者唯西域諸秝則不然其法有閏年有閏日而無閏月葢中秝主日而西秝主度不可强同也今之爲西秝者乃以日躔求定氣以定氣求閏月不惟盡廢中國之成憲而亦自悖西域之本法矣故

十餘年來宮度既紊氣序亦訛如戊子之閏三月也而置在四月庚寅之閏十一月也而置在明年之二月癸巳之閏七月也而置在六月己亥之閏正月也而置在三月其爲舛誤何可勝言然非深於秝者未易指摘至於辛丑之閏月則其失顯然無以自解矣何也閏法當論平氣而不當論定氣若以平氣則是年小雪在十月晦冬至在十一月朔而閏在兩月之間所謂閏前之月中氣在晦閏後之月中氣在朔者也今以定氣則秋分居九月朔故彼預於七月置閏然後秋分仍在八月而霜降小雪各歸其月無如大寒定氣乃在十一月晦而十二月又無中氣既不可

再置一閏則是同一無中氣之月而或閏或否彼所云太陽不及交宮卽置爲閏者何獨于此而自背其法乎蓋孟秋非歸餘之終故天正不能履端於始地正不能舉正於中也如此則四時不定歲功不成而閏法又安用之且壬寅正月定朔舊法在丙子丑初卽彼法亦在丙子子正則辛丑之季冬當爲大盡而明年正月中氣復移於今歲之秒彼亦自覺其未安故進歲朔於乙亥而季冬爲小盡之月皆所謂欲蓋彌彰者也卽辛丑歲朔以彼法推當會於亥正而今在戊正差至六刻其他牴牾更難枚舉噫作法如是而猶自以爲盡善可乎蓋其說以日行盈縮爲節氣

短長每遇日行最盈則一月可置三氣是古有氣盈朔虛而今更有氣虛朔盈矣然或晦朔兩節氣而中氣介其間如丙戌仲冬去閏稍遠猶可不論獨辛丑仲冬冬至大寒俱在晦朔去閏最近進退無據苟且遷就有不勝其弊者夫閏法之主平氣行之已數千年矣今一變其術未久而輒窮至於無可如何則又安取紛更爲也

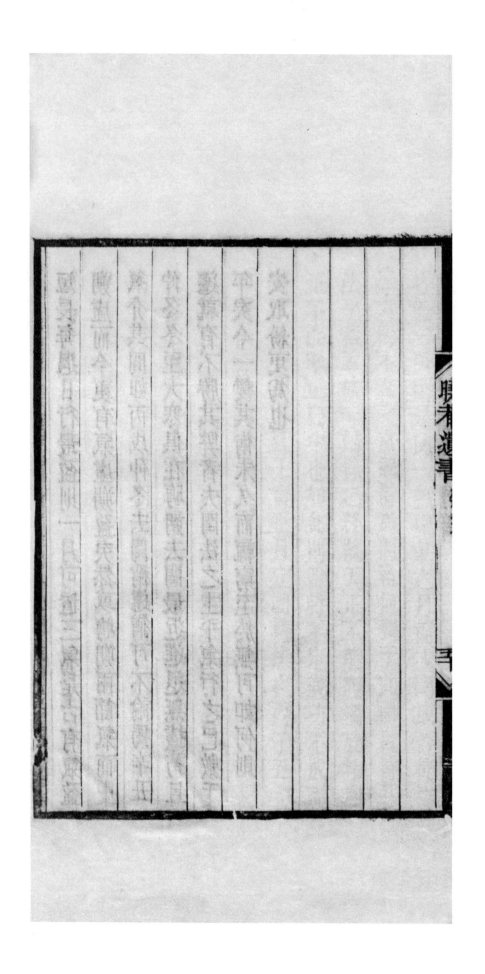